人體工學與安全

劉 其 偉 著

1987

東大圖書公司印行

滄海叢刊

© 人體工學與安全

作　者　劉其偉

發行人　劉仲文

出版者　東大圖書股份有限公司

總經銷　三民書局股份有限公司

印刷所　東大圖書股份有限公司

　　　　地址／臺北市重慶南路一段六十一號二樓

　　　　郵撥／〇一〇七一七五─〇號

初　版　中華民國七十年八月

三　版　中華民國七十六年八月

編　號　E 90005

基本定價　壹元柒角捌分

行政院新聞局登記證局版臺業字第〇一九七號

著作權執照臺內著字第一七三〇九號

編者的話

人體工學 (Human Engineering) 並不是一個很新的名詞，早在日本大正十三年，即距今五十六年前 (一九二四年) 就有神長倉眞著「人間工學」與「科學的經營法」，大日本能率研究所出版。關於這門學問，尚可以推至更早的美國二次實業革命時期，當泰羅 (Frederic F. Taylor) 倡導「科學管理」之前，其時工業界對於生產管理，並沒有學理的探討和完善組織，因是泰羅從各種工作的分析入手，厘訂工作標準，所謂「動作與時間研究」 (motion and time study)，藉以尋求工作的 "one best way"。由於此一研究雖引起一部人士的不滿，認爲人是血肉造成的，不應視同機器而被虐使或被機械化，正因爲這個緣故，遂有「溫情主義」的產生，故在當年的「人體工學」，也許可以說是一種主唱人道主義的工業管理法。

迨至二次世界大戰以後，所謂 "Human Factors Engineering" 其研究的課題，已不限於人類生理與效率，其範圍且擴及於醫學、精神病理、人類學、物理、化學、機械、電機工程、操作分析以至於電腦工業學。即近代人體工學的起源，實以當年大戰時期，因製造飛機、飛彈控制、坦克、潛艇等，其設計必須考慮到適應人體對它操縱的便捷和精確度才開始的。這門學科在當時，只應用於新式軍器的設計。及至戰爭結束以後，專家們才把這門科學加以邏輯與系統化，並擴及於產業界。故人體工學，乃在尋求人與機械及其物理環境適應的關係，藉以增進人與機械之間的工作效率與安全。由於近世人體工學的被重視，同時也促進了其他科學的拓展，尤以美國太空署的諸種研究為然。

人體工學是一門綜合科學，涉及各種學科甚廣，且以各國依其研究的重點與方向不同，故此產生了很多不同意義和不同的名稱。

這本「人體工學與安全」，原是筆者在建築系所授「環境控制系統」(Envionmental Control System) 課程，給自己的學生提供一些有關人體計測與安全知識，所編的補充教材，並非為人體工學與安全工程師的養成而撰的，故此它的內容，祗適於建築系參考之用。

如果讀者對人體工學和工業安全 (Industrial Safety) 要做更深入的學習，而魯正田教授的「人類工程學」與廖有燦、范發斌兩教授的「人體工學」，當是我國目前最具權威的著作，足供專門初學者參考。

關於本書安全的一編，其中大部資料原為筆者多年前在臺糖員工訓練授課的講義，其中所付統計數字雖嫌陳舊，但全編內容，仍不失其學習基礎的價值。

英文本的人體工學，目下在美國出版的不但有十數部之多，而且還有好幾種期刊。原書之中，E.J. McCormick:Human Factors in Engineering and Design, McCraw, 1975, 可能是最扼要而又最有系統的一本讀物。

本書第一編第一章「人體工學的概念」，引用魯正田及廖有燦兩位教授的資料殊多，在此謹誌由衷之謝忱與敬意。

劉 其 偉

中原大學建築系教室

一九八一年七月

人體工學與安全　目次

第1編　人體工學

第2編　工業安全

第 1 編

人體工學

1. 人體工學的概念

人體工學的淵源與目的

人體工學 (Human Engineering)，屬勞動科學研究中的一個部門，其淵源可以回溯至七十年前，早在1903年美國泰羅 (Frederic W. Taylor) 發表其「工廠管理」 (Shop Management) 及其1911年的一篇論文「科學管理原理」 (The Principles of Scientific Management)，其時德國也發表了「產業合理化」 (Handbuch der Rationalisierung) 的理論。迨至一九一八，一次世界大戰結束後，福特公司曾提出人與機械間的問題，其後勞動科學才正式開始推行人體工學的研究。直至1945年二次世界大戰結束，人體工學才奠定了體制和系統，而普及於世界先進國。

人體工學在國外，由於它是屬於系統工程學 (System Engineering) 中研究人體的諸種複雜因素 (factors)，故其工作方向的分工甚微，因此產生了許多不同意義和相近的名稱，諸如人體工學，人體因素工程學 (Human Factors Engineering)，人體條件學 (Human Conditioning)，人體因素哲學 (Human Factors Philosophies)，生物工程學 (Bioengineering; Biotechnology)，人體——機械系統 (Man-Machine System) 等，可謂不一而足。

美國既往用 "Human Engineering" 的名稱，近年則改稱"Human

Factors Engineering"，英國對人體工學稱 "Ergonomics"，此字乃由拉丁文拼成，"Ergo" 的字義爲力量，或功能，中文譯爾格；"nomic" 爲正常化之意。英國於 1957 Ergonomics Research Society 出版的 "Ergonomics" 雜誌，內容就是人體工學的研究報導。

今日人體工學的研究重心，大致是分做兩個階段：

(1)人體工學的目的，是促進人與機械間，兩者的能夠獲致最有效率而又最合理程序，其中包納生理的健康，工業安全，及舒適的作業。

(2)人體工學是研究與改善人在操作機械時，機械根據人體的要求的特殊設計——卽重視人的生理、操作、正確性，使能厘訂一個測量數值與規定。

總括而言，舉凡人的官能，人體計測，人的行爲，思想過程，以及工作安全等，都是人體工學的研究範疇。

機能系統

人體工學研究的範疇非常廣泛，簡略地可以闡明其系統，計有四項基本機能 (basic functions)，卽知覺 (sense) 情報受容，(information receiving)；情報貯藏 (information storage)；情報程序及決定 (information precessing and decision)；及動作機能 (action function)，其關係如圖 1-1-1所示。

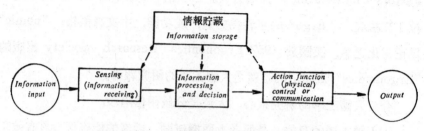

圖1-1-1　人·機械系統的機能處理流程

1.感覺：知覺機能亦稱情報受容或入力（input），意指某些情報自外界的進入此一系統。例如飛機進入管制塔的地區範圍，或爲溫度操作一個自動火警的警鈴等等。

如果此一感覺係指人類，它將是經過若干知覺形式。諸如視覺、聽覺、及觸覺等，情報的受容則依賴它的感覺來把握。

2.情報貯藏：情報貯藏乃與人類的記憶同義，它是利用各種方法，例如錄音帶、打卡（punch cards）、型板（templets）、數據記錄（table of data）等貯備起來，以爲日後參考的應用。也有把它制成法規（code）或符號形式（symbolic）及數字等備查。

3.情報程序及決定：情報程序的採擇，即從情報受容（或發出）以迄貯藏，有許多方式用以執行這項工作。在人類智力的研究尚未發達的時期，許多抉擇都要依賴意志和心力來決定。可以今日這些程序，已應用電腦予以抉擇和決定。

4.動作機能：此一機能係在意志決定後的行動或操作。其機能大致可分爲兩級，其一是物理的動作控制，諸如機械的控制，執握或處理，動作或移動（movement）修改（modification）以及材料的輪流交替等；另一項動作乃爲傳播的動作，它是人的聲音、信號、記錄或其它的方法，但此機能常包括一部份物理的動作，可是這些感覺都是從屬於傳播機能。

系統方式

人——機械系統乃以機械 (machines)與人(men)及其環境(environments) 聯繫在一起的作業或生產系統。觀察這種人與機械及其系統的方式，可以大別爲閉路環式系統 (closed-loop system) 與開放環式系統 (open-loop system) 兩種。

閉路環式系統是連續作業的，它在執行作業程序是需要連續地控制，例如搬運工具搬運車的操作，它在操作時必須回饋它的操作是否成功的情報給操作者，如果它的操作有錯誤，就必須把誤差反在它的連續控制程序內。至如開放環式系統，當它一經操作的活動以後，它就無需再加控制，或者在最低限度也無法控制，這種系統的方式所謂"die in cast"，即經一度操作，就不能再度控制其行使，火箭的發射卽其一例。雖然它會回饋情報，但顯然地是無法供應連續的控制。

J.C. Jones 在"The Designing of Men-Machine Systems, Ergonomics"一書中，對於「人——機械」系統控制特性分爲三種系統：

(a)人手控制(manual system)；(b)機械控制(machinical system)；(c)自動控制 (automatic system) 等。

(a)人手控制系統——人手系統乃包括手工具及其他幫助以互相配合來控制操作，操作者並應用其自身的體能(physical energy) 以能源。

(b)機械控制系統——此一系統亦稱半自動系統 (semi-automatic system) ，乃包納艮好而完整的物理部份，例如諸種形式的動力機械工具，而動則由機械供應，而操作者的機能都是本質的控制。機械系統的基本要素，Taylor曾示其關係圖如下。即人根據事件的展示接到情報，本質上執行情報——程序與決定的機能，使用控制設備以爲器具的決定。

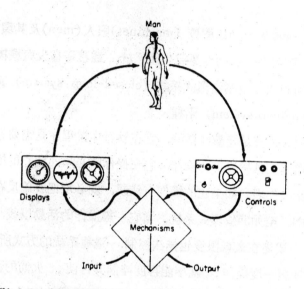

圖1-1-2　泰羅氏講解「人——機械」系統或半自動系統的從受
　　　　　容經展示、人、控制設置以至出力的相互關係。

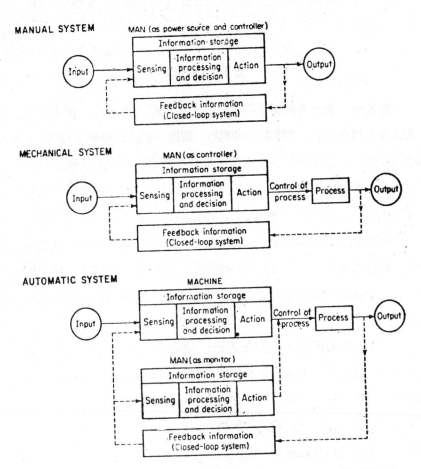

圖1-1-3 圖示手動、機械控制、及自動操作的各種人——機械系統。在
此開放環式系統中，表示回饋情報送至感覺器官或機械，藉以
校正其操作。

上述是人體工學的系統設計，如何來提高人與機械之間的協調方
法，即在機械化，自動控制的發展上尋求最大的工作效率。

分類與研究

在人——機械系統的設計上，首先要了解人的特性，使用科學方法來探討人類在空間、時間上的開放，情況一如人在呼吸、行動、視、聽、由感覺、思想等，以及受着環境許多因素的刺激的反應。故此人體工學除注重物理原則與人的生理與心理的研究外，對刺激媒體、空間、時間等因素，都要加以研究配合，以期獲致完整的體系。

人體工學認為單獨先研究人的特性，然後再解決機械上的物理問題，其結果是不足以解決人與機械問題。因為人——機械系統，是存在於人——機械互相存在關係之間，它是不能把人和機械，個別分開來討論。

人體工學的研究，它包括方法、設備、器材和資料文獻。這些資料，有些是根據方法論，但有些配以機器、器材做實際調查。由於整理其諸種生產，導出結論，然後才應用在現實的工作上。

研究上大致可以分類為人與機械間的系統，視覺、聽覺及其他感覺的受容（入力）及其過程，人體基於生理上的界限運動能力，與身體計測，器材、家具及衣着的設計，影響工作效率的環境各種因素，與人體工學相關的各種專門科學。

輔助之基本科學有：

醫學	音響學	操作分析
心理學	光學	工時學
生理學	物理學	電子學
精神病理學	化學	電腦工業學
神經學	熱力學	機械工程設計

體質人類學	工業衛生學	工業設計
生物學		照明學

上述各科，在人體工學的理論上是交互影響的。

設計原理

　　設計上最基本的問題，是要尋求人與機械系統內，人或機械所分擔的是那些工作。　初期的設計，　雖然屬於軍事方面如飛機的駕駛座位問題、操縱的握柄、飛彈發射控制中心的各種設備、太空艙等，然而今日的設計原理，　已應到日常生活的建築設計、室內設計、工廠佈置、交通、產品設計和運動器材。但在這些設計時，是站在「實用」條件上來配合其他因素，這是人體工學最先的前提，而不是為「美」而設計。

　　其次的基本重點是「效率」與「安全」，尤其在今日機械化，自動控制的發展上，最為重要。關於人與機械在工作上的特性，根據美國心理研究所，認為人與機械特性，在分析結果中，人比機械優越的特性為多。故在設計時，仍需以接受情報者的「人」為優先立場，再以之和機械的特性密切配合。

　　同時，設計者當他開始設計一套設備時，必須牢記使用者在操作時所必需做的是甚麼？經常記錄工作是由人體因素（human factor）專家去做，必要時也有許多設計者。參考人體因素專人的記錄，再由自己來測驗。

標準化與人體工學

　　既往工業上的標準化確已導致了各種工程上的績效，但必須注意的，是有些時候是爲了「標準而標準化」所混淆。

標準化在許多方面改善了人工效率。例如可使人們習慣於同一方法使用某一機械，在操作它時毋需再經由訓練或引導；當一套設備操作方法和另一套設備相同時，使用者可以減少錯誤和意外的發生。例如水龍頭的關閉和開啓就是一個例子，人們都希望操縱一項事物，是在一定的方法。

當標準的設定，常是沒有考慮到將來的需要，會產生不良的影響。標準有時對使用者的羣體變得根深蒂固，打字機鍵盤的排列就是一個典型。若干年前曾對鍵盤做了很大的改善，新式鍵盤雖比舊式鍵盤可以增加兩倍的速度，可是舊式的打字機實在太多，爲了訓練新打字員的問題，使得新鍵盤的打字機無法發展。

人們的慣用法，在人體工學設計上也是一項必須考慮的重要因素。

工具及儀器

人體工學對人類及其使用機械器具的測量，有它的一套特殊工具及儀器，它和一般工程的設計者所不熟知的。這些工具雖也可用於人體工學以外的目的，但最重要的，是設計者了解這些工具，使機械能適應於人的需要。

一般工具有縮小的模型，作爲人與機械設備的安排以計測其距際和工作空間。但也有用實際模型（actual）作爲座椅、某種工作的操作有相關影響的安排。人——機械系統動態的模擬，當是解決人體工學諸種問題，最有效的工具。它通常牽涉到傳動展示（display）和電腦輸入的實際控制，使作業人員能將之置於磁環上，使設計者能對整個系統，有一個全盤測驗的觀察。

因爲作業工程，必須根據其實際過程，也必須由這些儀器或儀表的表示，藉以統一觀察其動態，如是管理才能週全。這是人體工學中重要的項目，也是系統工程中的大課題。

目前在人體工學中電腦已被廣泛的應用。此外尚有其他專門的工具的儀器如視覺的光系分析器、輻射測量器、知覺及運動效率測量器等。

至如實驗室的規模更爲龐大，尤其工程心理學和太空航空醫學所需者爲然。

適性檢查與訓練

適性檢查是人體工學重要工作之一，但也是無法完全解決的問題。由於每人的智慧不同，　同時技能訓練的熟練度，　除器材與設備的因素外，尚因訓練的時間和被訓練者的年齡、情緒等有莫大影響。

被訓練的從業人員，尚依性別不同，所得結果亦異。一般男性富有創造力，持久力亦較女性強。

1. 男性性質——男性對工作較女性具有永久性，富進取精神。體力強，耐久力大。感覺敏銳，理智強，適於精密複雜的工作，並能勝任有危險性工作。

2. 女性性質——因生理影響，不易繼續工作。進取精神貧弱，缺乏決斷力，但適於單調而反復的工作。

大凡每人對於某一種工作，有其特有的適應性。此等從業員的適性檢查方法，大致可分爲「外表」、「體格」及「精神」三方面。

(1)外表檢查，乃由外表的風采、體格、言語、態度等來判斷其內性。美國Black Board人物鑑定法，觀察的項目如次：

a 肌膚的細膩或粗糙；

b 身材是否魁梧或瘦小；

c 膚色的黑白；

d 臉胚與頭髮的形狀；

e 身體的肥瘦與壯弱；

f 發育是否良好或均齊；

g 表情是否自然或造作；

h 學歷與經歷；

i 年齡與偏好；

大凡健康的人，可由其眼神和指甲的色彩來鑑別。鼻高孔大，胸圍廣濶，大抵耐勞。口腔及腹部發達的人，能勝任激烈性工作。髮柔肌膩，舉止斯文，適於審美方面工作。皮膚帶白，嗜好必多，但富進取心，適於規劃工作。膚黑，沈默寡言，適於工業技術的管理與操作。

(2)身體檢查的項目如次：

a 聽力檢查──利用磁石聽力器；

b 視觸覺檢查──貨幣分類 (coin sorting)；

c 觸覺檢查──指北針針端轉動距離的判別；

d 視力檢查──利用萬國視力表；

e 色盲檢查──利用色盲檢查表；

f 光感辨別檢查──暗箱中有照孔兩個，以電阻調變內部兩個燈泡的光度，使辨別明暗差；

g 體重、身高、胸圍、握力及疾病診斷。

(3)精神機能檢查的項目如次：

a 記憶力──在小盒中開孔一個，每秒出現兩位數字，以試驗記憶；

b 選擇力檢查──以有簡單圖形的卡片多幀，使之選擇分類，它稱做「卡片分類」 (card sorting)；

c 構成力檢查──積木。

2. 人體計測理論

人體計測的歷史

關於人體的尺寸，古來就有許多哲學家，藝術家和建築師們對它發生過興趣。兩千年前意大利學者 Vitruvius 曾經對人體的比例做過研究。

中世紀時，Agrapha的修道士 Dionysius 在著書中曾寫道：「人體的高度常為他頭顱高的九倍」。 Cennino Cennini 是十五世紀的意大利人，他曾描寫人體的長度，等於他伸展兩手的寬度。文藝復興時期，達文西 (Leonardo da Vinci) 曾根據 Vitruvius 的標準人體，畫了一幅非常著名的人體。迨至十九世紀中葉， John Gibson和 J. Bonomi 再度把 Vitruvius 人體重新組織了一次。而二千多年後的今天，柯比意 (Le Corbusier) 也把Vitruvius 的人體標準創出了「標準第一號」(Modular No. 1)

事實上，十六世紀時期，數學家 Luca Paccoli 寫了一本 "Divine Proportion" 的書，他不特從許多著名建築中找出了吻合黃金比 (Golden section) 的美學原因，甚至從拉丁字母和人體上也找到黃金比的比率。

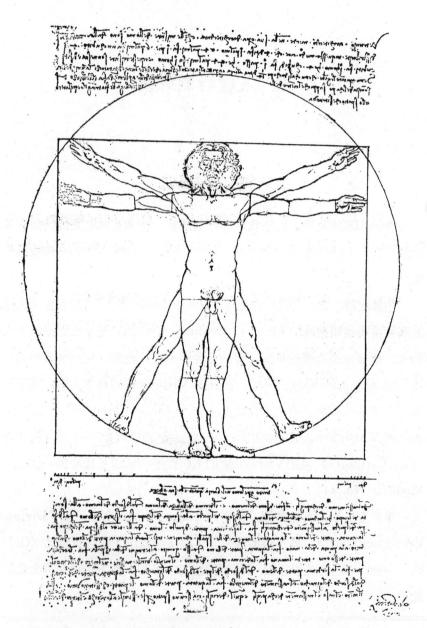

圖1-2-4 一幅著名的早期人體繪畫爲達文西根據Vitruvian Norm-man
而作。

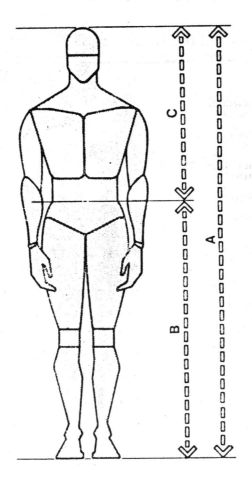

圖1-2-5　人體比例與黃金比

　　縱使 Vitruvius 曾經為希臘的設計神殿而嘗試過人體的測量，可是當時對美學的關心，較之度量衡學更為重視。易言之，當年的測量，它的比例並非今日人體工學中的那種絕對的計測與機能。

　　在人體工學的各種研究中，在近二十餘年，對於人體計測的探討，更為重視，尤其是美國的軍部以及太空署的設計部門。

表1-2-1　各民族的身體計測　表中 "Mean"爲平均"SD"，爲標準偏差值。

Sample	Date	N	Agea	Stature Mean	SD
Republic of Vietnam Armed Forces	1964	2,129	27.2	160.5	5.5
Thailand Armed Forces	1964	2,950	24.0	163.4	5.3
Republic of Korea Army	1970	3,473	24.7	164.0	5.9
Latin America Armed Forces (18 countries)	1967	733	23.1	166.4	6.1
Iran Armed Forces	1970	9,414	23.8	166.8	5.8
Japan JASDF pilots	1962	239	24.1	166.9	4.8
India Army	1969	4,000	27.0	167.5	6.0
Republic of Korea ROKAF pilots	1961	264	28.0	168.7	4.6
Turkey Armed Forces	1963	915	24.1	169.3	5.7
Greece Armed Forces	1963	1,084	22.9	170.5	5.9
Italy Armed Forces	1963	1,358	26.5	170.6	6.2
France Flight personnel	1955	7,084	18–45	171.3	5.8
U. S. Army WWI demobilization	1921	96,596	24.9	172.0	6'7
Australia Army	1970	3,695	21.0	173.0	6.0
U.S. civilian men Nat'l Health Survey	1965	3,091	44.0	173.2	7.2
U.S. Army WWII separatees	1951	24,508	24.3	173.9	6.4
U.S. Army Ground troops	1971	6,682	22.2	174.5	6.6
U.S. Army Aviators	1971	1,482	26.2	174.6	6.3
Fed. Rep. of Germany Army tank crews	1965	300	22.8	174.9	6.1
U.S. Air Force Flight personnel	1954	4,062	27.9	175.5	6.2
United Kingdom RAF and RN air crew	1968	200	28.7	177.0	6.1
United Kingdom RAF pilots	1965	4,357	—	177.2	6.2
U.S. Air Force Flight personnel	1972	2,420	30.0	177.3	6.2
Canada RCAF pilots	1965	314	—	177.4	6.1
Norway Young men	1964	5,765	20.0	177.5	6.0
Belgium Flight personnel	1954	2,450	17–50	179.9	5.8

Mean values except where ranges ars given.

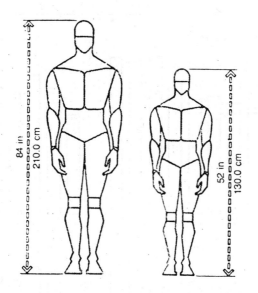

圖1-2-6 非洲南部蘇丹的高身材 Nilote族與非洲中部的侏儒族
　　　　(Pigmy) 比較

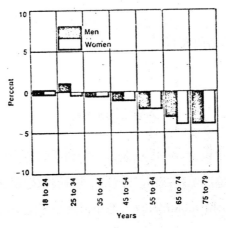

圖1-2-7 十八至二十四歲的男女，年齡與身高的關係。

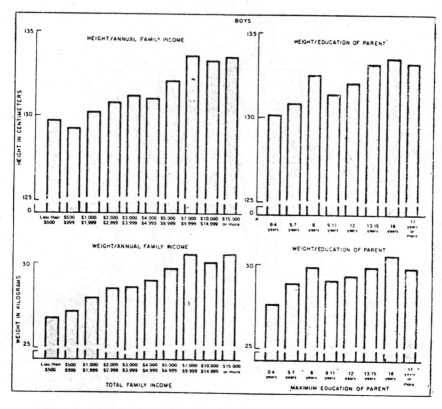

圖1-2-8　六歲至十一歲的兒童，依其家庭收入及父母所受教育，而有各
　　　　種身高的統計。

人體計測理論

　　人體計測(anthropometry)是以一種科學的方法來測量各種人體，
這一門學問可以追溯至1870年，一位比利時的數學家Quelet出版了一本
「人體計測」(Anthropometrie)，他不但奠立了這一門科學理論，同時
也發明了"anthropometry"的一個名詞。除 Quelet之外，還有幾位體質
人類學家，在十八世紀時期，諸如 Linne, Buffon,和 White 等人，曾

經做過世界各民族的體質研究和比較。有關上述的人體數據，雖然今日累積了很多，但大都屬於人類學上的分類和體質的研究，而不適於人體工學之用。

　　迨至 1940 年，美國在工業上亟需合乎工程的人體數據，尤其是航空工業。世界二次大戰時期，在軍火工業之中對於人體的研究，分工更微，遂產生了解剖，或人體工學的專門工程，繼之今日的建築和室內設計，為了室內的設計，因此也廣為應用人體的測量數據。

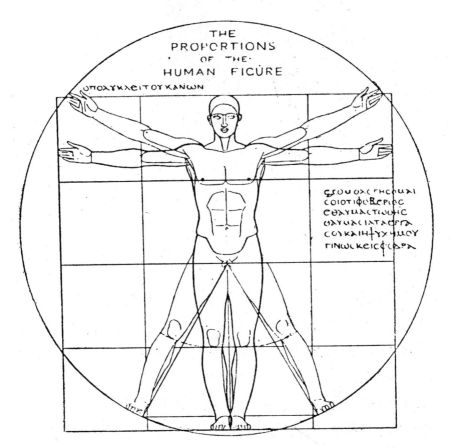

圖1-2-9　吉比遜 (John Gibson) 的 Vitruvian Man圖

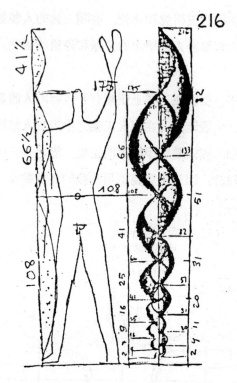

圖1-2-10 柯比意（Le Corbusier）的人體標準圖

　　近世的人體計測，是一種非常複雜的工作，由於它的數據尚因年齡、性別、職業、教育以及民族等因素不同，而有很大的區別，換言之即因上述各種因素的影響，而人體身高（statures）的差，顯示着戲劇性般的迥異。舉例而言，非洲中部的侏儒族（Pigmies），男性平均身高只有 143.8cm（56.6in），如果把南部蘇丹的尼羅第族（Nilotes）來比較，他的平均身高竟達 182.9cm（72in）。

　　年齡對於人體計測，也是一項重要影響的因素。二十歲的男性，成熟期常較女性爲早。成熟以後，兩性的身高則依年齡的增長而增高。但根據英國的調查，年齡與身高的關係，在到達老年期，由於生理的變化，而老婦的身高，則常較年輕的少女為矮。此一調查指出，此等結果並非因後一代比前一代進化而增加身高，而是年齡的現象。

社會經濟 (Socioeconomic) 因素也是影響人體計測的數字，平時有食物的營養和高薪的人，其發育常較貧窮者有顯著的不同，健康的兒童以及在接受教育的學生，他們的身高常是反映着所接受教育的程度。根據調查，大專的學生，常較未接受過教育的人為高。這也許是因作息時間不同所致。

現在有許多國家或國際的機構企圖訂定一項有關人體計測的標準，由於它是非常複雜，故此記錄都必須有詳細的說明，或列成圖表，註明其測量數字的各種界限。無疑地，人體計測這門工作，在生物學中，確實是最乏味的。故此從事人體計測工作的人，他必須兼具統計學知識或受過訓練的人才能勝任。

不論是室內設計家，建築師和工業設計家，當他應用這些人體數據，同樣地也要了解人體工學中的各項基本字彙，和它應用的規則。

數據的來源

依照既往的情形，人體計測的工作，不特耗資甚鉅，而且也甚費時日，同時遇有障礙，甚至無法進行。它是需要有良好技術的從業人員，而且由國家來主持為多。因此這項調查，一般都是在軍中舉行，以士兵為對象，比之調查市民的尺規為多。

理由是明顯的，這些尺規 (sectors) 的數字，大都為海陸空三軍的軍器或軍服的設計所保存的資料，而在民間卻少有類似的資料出版。

軍中的調查所得的尺規數據，常是有年齡和性別，身高和體重的限制，據聞一九一九年所測量的記錄，它是從十萬美國軍隊中所測得的數據，同時也是最初的調查，而它所記錄的雖然是爲軍服廠所需而測量，但軍服廠，從來就利用過它，它僅僅在一次世界大戰與二次大戰之間的時期，爲軍部提供一些標準參考而已 。

早期較爲成功的人體計測，應推二次世界大戰時期，美國空軍，英國皇家空軍以及英國海軍所得的數據。這個時期也是人體工學的開始，因爲從這個時期，美國還要對許多盟國提供資料。 1946 年出版的一本 "Human Body Size in Military Aircraft and Personal Equipment" 曾經被各國採爲參考。

其後一般性的人體計測，由 Stoudt及 Damon等教授主持，爲美國 HEW (Department of Health, Education, and Welfare, National Health Survey) 做了一項非常龐大的調查。繼之，哈佛公共健康研究所（Harvard School of Public Health) 和美國公共衞生局 (U. S. Public Health Service) 共同舉辦了 7,500 名非軍隊的一般職業人員的調查，年齡是在18歲與79歲之間。

數據的形式

人體計測應用於室內空間設計（interior space ） 計有兩種基本形式——結構的 (structural) 及機能的 (functional) 。

結構的尺規是一種「靜態」的數據，它包納頭、軀幹 (torso) 及手足四肢 (limbs) 的標準位置。機能的尺規，則爲『動態』的數據，它是包納在工作上的活動位置或空間，測量也比較靜態要複雜得多。最基本的測量器具，計有曲線彎尺 (curved branch) ，雙腳規 (spreading caliper) ，卷尺 (anthropometrictape) 等。此外還有許多特殊儀器和技術，諸如複式輪廓觀測器 (multiple probe contour devices) ，攝

影測量系統 (photometric camera system)，立體攝影儀器 (stereo-photogrammetry) 系統等。

　　如果我們翻開解剖學的書籍瀏覽時，　將會感到人體計測是無止境的。最近有一些出版，它包括上千的尺規和數據，而且包括着許多外來的醫學術語，幾乎把設計者都嚇倒。例如 "crinion-menton" 的術語，是指前額的髮線與下頦中點的距離，　這些數字對於頭盔的設計也許有用，但對於室內空間設計就用不着了。又如"interpupillary diameter"的尺規數值，它對於學生的光學上如眼鏡的設計較之用於建築師，更具價值。

　　Damon 敎授指出用於人體工學目的各種項目，最重要的尺規計有十項如次；身高；體重；坐高 (sitting height)；臂——膝蓋(buttock-knee) 及臀至膝膕的長度 (buttock-popliteal)；　肘至股間的寬度 (breadths across elbow and hips)，坐態時；膝與膝膕的高度；臀至膝部之間的高度空隙。上述十項乃爲室內設計本質上的尺規。

　　圖1-2-11及1-2-12示建築室內設計及工業設計的重要計測的一例。

數據的表示

　　一般人體計測的統計數字，都是列成圖表的形式，藉以便於設計人員閱讀和參考。圖1-2-12及圖1-2-13是最基礎的記錄形式。表 1-2-2 是最初測量的表格 (recording form)，而測量所得的數字，常常予以再度組織而成爲有秩序和具邏輯的形態如圖表1-2-3所示。

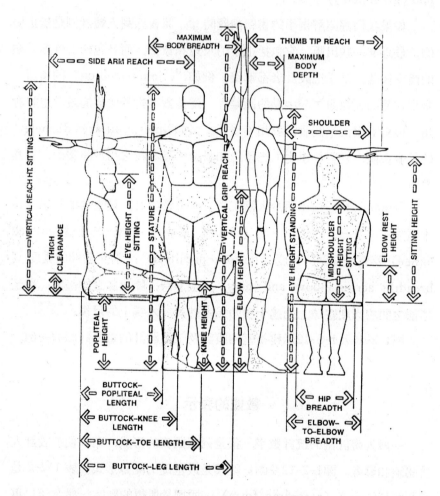

圖1-2-11　室內空間設計的人體計測

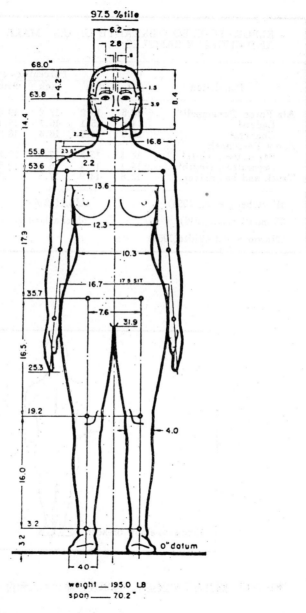

圖1-2-12　成人女性立狀的人體計測數據。

ELBOW-TO-ELBOW BREADTH OF U.S. MALE MILITARY AND CIVILIAN SAMPLES

Population	Ist	5th	50th	95th	99th	S.D
			Percentiles(in)			
Air Force Personnel[1]	14.5	15.2	17.2	19.8	20.9	1.42
Cadets[2]	14.4	15.1	16.7	18.4	19.1	
Cunners[2]	13.9	14.6	16.4	18.2	18.9	
Army Personnel:						
Separatees, white[3]	14.4	15.3	17.4	20.3	21.8	1.54
Separatees, Negro[4]	14.4	15.1	16.9	19.3	20.4	1.28
Truck and bus drivers[5]	13.8	14.9	17.5	20.7	22.2	

1Hertzberg et al.(1954)   4USA(1946)

2Randall et al.(1946)   5McFarland et al (1958)

3Newman and White(1951)

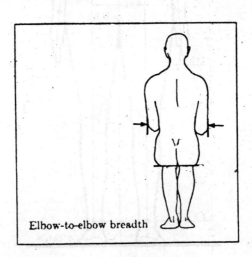

Elbow-to-elbow breadth

圖1-2-13　圖表表示美國空軍、陸軍及運輸兵黑人和白人的肘間數據。

表 1-2-2　人體計測記錄表 (National Health Survey)

RECORDING FORMS USED

IF NO REPORT	REASON FOR NO REPORT	PROCEDURE	RECORDING	CODE
		9. Height Height decreased by	cm. Curved Spine ☐ NO ☐ Deformed Legs ☐	
		10. Weight	LBS.	

IF NO REPORT	REASON FOR NO REPORT	MEASUREMENT	RECORDING IN Cm.	FOR OFFICE USE	CODE
		11. Sitting height normal	— — — . —		
		12. Sitting height erect	— — — . —		
		13. Knee height*	— — — . —		
		14. Popliteal height	— — — . —		
		15. Thigh clearance height	— — — . —		
		16. Buttock-knee length	— — — . —	✕	
		17. Buttock-popliteal length	— — — . —	✕	
		18. Seat breadth (across hips)	— — — . —	✕	
		19. Elbow-to-elbow breadth	— — — . —	✕	
		20. Elbow rest height	— — — . —		

表1-2-3 人體計測所得各種數值，經整理的頻數表。

Interval	Midpoint	Frequency
62.5-63.2	62.85	1
63.3-64.0	63.65	3
64.1-64.8	64.45	3
64.9-65.6	65.25	16
65.7-66.4	66.05	20
66.5-67.2	66.85	47
67.3-68.0	67.65	48
68.1-68.8	68.45	64
68.9-69.6	69.25	73
69.7-70.4	70.05	63
70.5-71.2	70.85	48
71.3-72.0	71.65	43
72.1-72.8	72.45	37
72.9-73.6	73.25	14
73.7-74.4	74.05	10
74.5-75.2	74.85	9
75.3-76.0	75.65	1

圖表 1-2-3 所示為重組數據排列形式的頻數表 (frenquency table)，數字的排列順序，乃先由小而大。 數字間的差別最小的身高懸隔的尺度自 158.8至160.5^{cm}，或62.5至63.2^{in}，最高的身高懸隔的尺度是介於191.3及193^{cm}，或75.2與76.0^{in}之間。

這些數據，尤其是自然的分佈，如果用柱狀的圖表或 "frequency histograms" 來表示，其表現更見明徵。圖表1-2-4即其一例。關於此等的人體數據，還有許多形式用來提供設計前的參考。如果加以簡化，還可以畫成鐘形的曲線如圖表1-2-5所示。

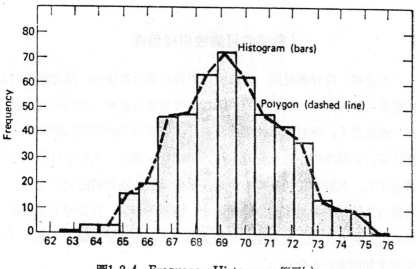

圖1-2-4　Frequency Histogram 例示㈠

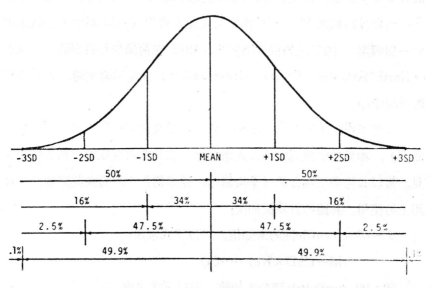

圖1-2-5　Frequency Histogram 例示㈢

數據的可靠性與信賴度

本節前一段曾經提過，人體計測所得結果的數據中，還有許多因素影響着人體的尺度。即使在一個國度，常常發現在某一地區的人，會比另一地區的人，身材較高或較重。在社會經濟的部份研究和觀察中，曾經指示，依職業的不同而身材亦異，例如同一地區，重級車輛的司機和普通工人，其發育的情形頗有差異。舉例而言，在團體的統計上，後者常較前者的司機身材爲高。在軍隊中，團體的測驗，得知軍人常較市民爲高大。男女之間，前者也常比後者爲高大，男女依年齡的不同，其平均數字如圖表1-2-6所示。

同時，在同一國度中，一般的身軀亦依時代的演進而有差別。例如圖表 1-2-7 所示，二次世界大戰時的美國士兵，一般的身高和體重都比第一次世界時期爲大。它所指出的正是人體學（ethnicity）上極重要的一個因素。關於這個因素的變化，1972 在荷蘭舉行首屆國際討論會（North Atlantic Treaty Organization）上提出論文時，成爲各國的討論中心。

2.從M與S.D.值求 percentile 值——從實測值作成上述的「度數分布圖」，如果要依照規定的公式來計算，它是非常複雜的。爲了簡便起見，常以其標準正規分佈（平均值〇，標準偏差1）變換其變數作爲實用上的使用。具體的計算法如次：——

1～50percentile間的未知值，可以下式求出：

$$M-(S.D\times Ke)\cdots\cdots(a)$$

50～99 percentile間的未知值，可以下式求出：

$$M+(S.D.\times Ke)\cdots\cdots(b)$$

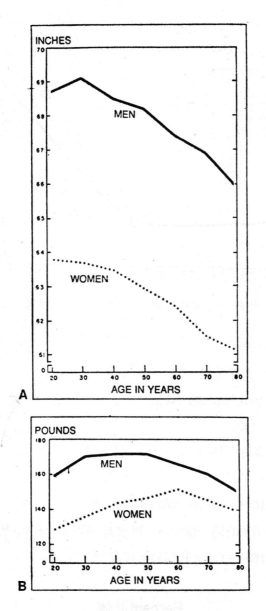

圖1-2-6　各種年齡的男女平均身高和體重。

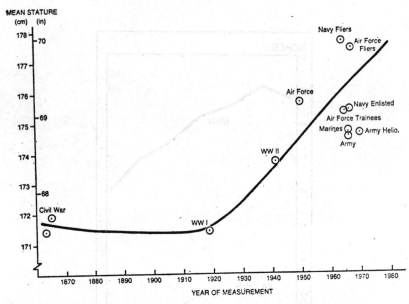

圖1-2-7　美國男性在年代變遷與平均身高的統計（美國太空署）。

但設M＝平均值

　　S.D.＝標準偏差

　　Ke＝percentile的 Ke值

例　題

(1)　設身高的平均值 1651^{mm} ，標準偏差 52^{mm} ， 試求其 10th
percentile 值爲若干？

　　答　 $1651-(52 \times 1.282)=1584^{mm}$

(2)　設與(1)項的同一條件下，試求其 95th percentile值。

　　答　 $1651+(52 \times 1.645)=1737^{mm}$

Percentile值

人體計測數值，大都表出其平均值(M)與標準偏差值 (S.D) ， 從

M及S.D值，可以算出 percentile值。

　1. percentile 的意義──試以身高爲例，以爲說明 percentile 的意義。玆設有關身高的測定值表示如圖 1-2-8 所示。橫軸爲測定值的變數，縱軸爲變數區分的度數（度數係以人數來表示）。

　將此『度數分佈曲線』從無限小變數用積分求得全曲線與包容總面積之比率爲 5 % 時，此時橫軸的數值稱爲 "5th percentile"。

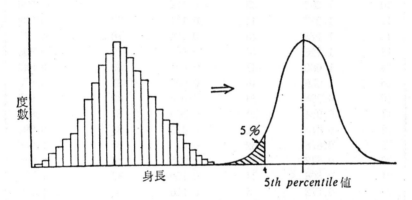

圖1-2-8　Parcentile 值

表 1-2-4 percentile 的 Ke 值

percentile	Ke	percentile	Ke	percentile	Ke
1	2.326	34	0.412	67	0.440
2	2.054	35	0.385	68	0.468
3	1.881	36	0.358	69	0.496
4	1.751	37	0.332	70	0.524
5	1.645	38	0.305	71	0.553
6	1.555	39	0.279	72	0.583
7	1.476	40	0.253	73	0.613
8	1.405	41	0.228	74	0.643
9	1.341	42	0.202	75	0.674
10	1.282	43	0.176	76	0.706
11	1.227	44	0.151	77	0.739
12	1.175	45	0.126	78	0.772
13	1.126	46	0.100	79	0.806
14	1.080	47	0.075	80	0.842
15	1.036	48	0.050	81	0.878
16	0.994	49	0.025	82	0.915
17	0.954	50	0.000	83	0.954
18	0.915	51	0.025	84	0.994
19	0.878	52	0.050	85	1.036
20	0.842	53	0.075	86	1.080
21	0.806	54	0.100	87	1.126
22	0.772	55	0.126	88	1.175
23	0.739	56	0.151	89	1.227
24	0.706	57	0.176	90	1.282
25	0.674	58	0.202	91	1.341
26	0.643	59	0.228	92	1.405
27	0.613	60	0.253	93	1.476
28	0.583	61	0.279	94	1.555
29	0.553	62	0.305	95	1.645
30	0.524	63	0.332	96	1.751
31	0.496	64	0.358	97	1.881
32	0.468	65	0.385	98	2.054
33	0.440	66	0.412	99	2.326

3. 室內空間基本設計

起 居 室

　　不論策劃任何住屋，它的空間部署可以分做兩種不同的傾向——特殊化 (specialized) 和一般性。特殊化的用途包括生活上的活動，如睡眠、烹飪、及洗澡等，都有特殊的房間如臥室、廚房及浴室等。一般用途的部署，乃爲統間的傾向——起居間。這種居室是包納一切的活動，如收音機、電視、書架、酒巴和玩紙牌等，所有設備配置在一個大統間之內。

　　年來由於建築費用非常昂貴，對於一個室內的計劃，大都趨於一個「開放設計」(open planning) 型式，一方面可以藉此節省費用，同時也可以取得較多曠濶的空間，避免心理上侷促於一隅的狹窄壓迫感。事實上，這個觀念並不很新，如果回溯在中世紀時期的古建築，以及十九世紀的設計，也有不少是屬於這種開放式的配置設計。

　　圖 1-3-1 示在一間開放設計的統間中，利用垂直空間所建的假樓。圖1-3-2 乃示在開放設計中，儘可能把一部份區分或隔牆 (partition) 建成永久性，例如天井 (patio) 和花園，使內外的空間打成了一片。

圖1-3-1　開放式的起居室（A）

圖1-3-2　開放式起居室（B）

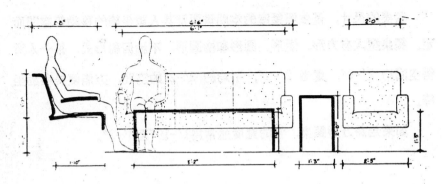

圖1-3-3 長椅和几桌的標準尺寸,適於住宅或辦公室之用。

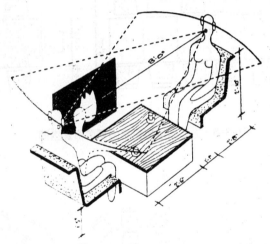

圖1-3-4 爐邊家具的陳設標準、距離可以獲致

住宅餐廳

室內的餐廳除供日常進食外,它還需要供作消遣諸如玩牌和朋友們聊天,甚至還需準備一些地方給犬貓進食,雖然所需的空間並不太多。

本節所附插圖,表示八人餐桌最小空間的配置。注意 3′-4″通路,但在門口的地板空間,須有4′-4″ 的距離,才不致影響門的開關。

餐桌的尺寸，是依照餐室的空間需要及其人數坐椅的移動等空間而定。餐桌型式有方形、矩形、圓形和橢圓形，不論何種形式，每一人所需空間約 2'-0"，寬者 2'-4"，平均約 2'-2"的空間，方能便於移動坐椅。

如果是長方形餐桌，它的寬度通常為1'-10"至3'-2"。

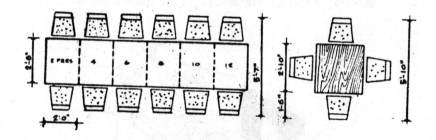

圖1-3-5　方形與矩形椅桌的標準佈置空間。

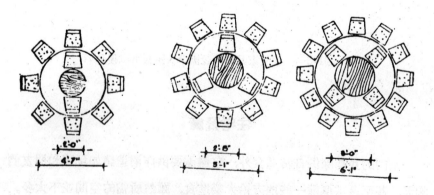

圖1-3-6　圓桌與坐椅的標準佈置。

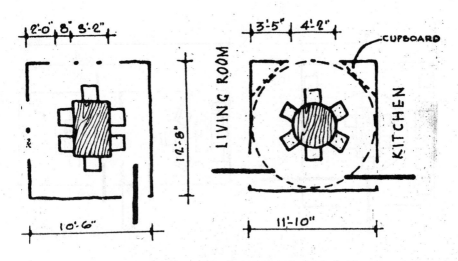

圖1-3-7　方形或圓形餐桌的佈置標準的最小空間。

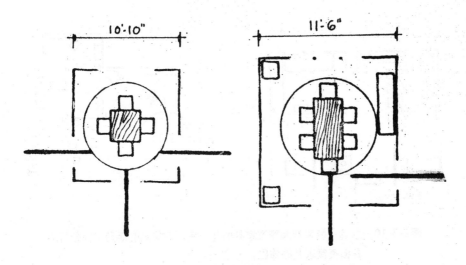

圖1-3-8　最小的四人坐椅餐廳與八把椅子和一具廚櫃所需最小空間。

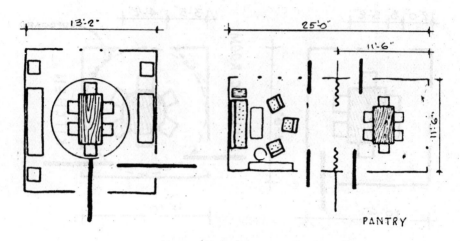

圖1-3-9　一般小型餐室與起居室相連的最小空間。

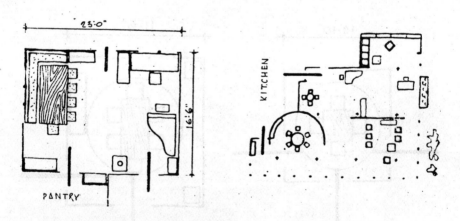

圖1-3-10　左爲一般包括鋼琴及家具的起居室，右爲具有活動路線分析的
　　　　　各種複雜家具的佈置。

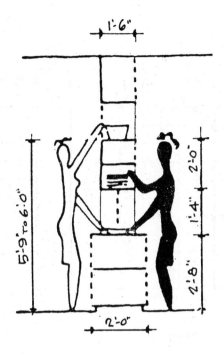

圖1-3-11　餐廳與厨房隔間厨具櫃的標準高度。

厨　　房

　　厨房（Kitchen）在半世紀以來，由於燃料的變遷，以及烹調器具的發明與改善，故在今日的設計中，已有多項可以根據良好品質的厨具作爲策劃的標準。

　　旣往有許多小厨具（gaogets）雖經多年的改良，但近年更發明撳鈕控制，因此更能減小了厨房的利用空間。本節附圖1-3-12及1-3-13，是一般家庭的標準空間及厨具的尺寸。

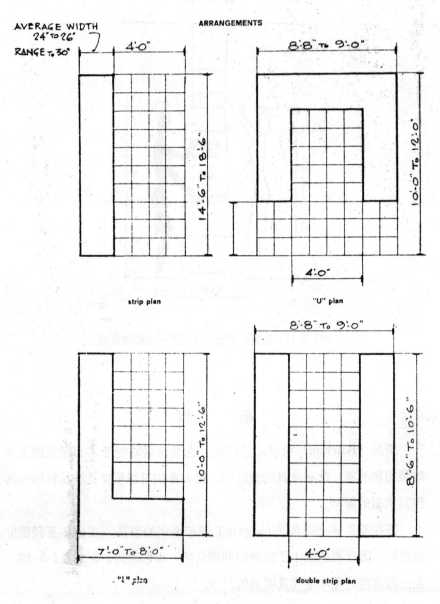

圖1-3-12 四種型式厨房的標準面積。

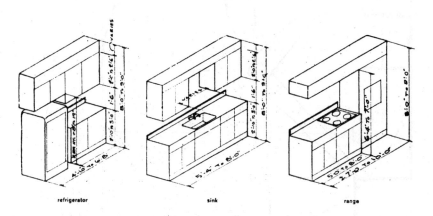

圖1-3-13　標準廚櫃及洗滌槽的佈置。

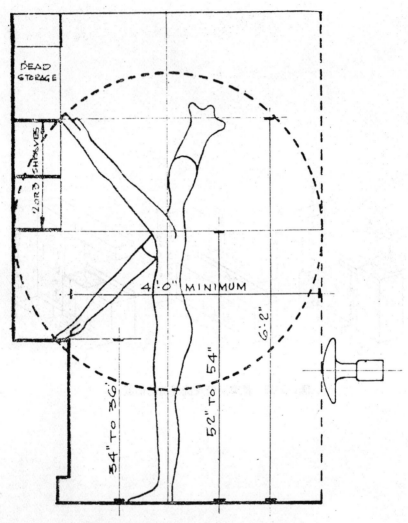

Some of the minimum measurements essential to good design.

圖1-3-14 人體設計上最小的活動空間。

臥　　室

「我們在牀上歡笑，也在牀上上哭泣；在牀上誕生，也在牀辭世」
這是十七世紀法國詩人 De Benserade 的一首牀頌。拿破崙也曾承認他
的臥牀，沒有一位帝王比他更爲奢侈。我統計數字中，一個人的一生，
幾乎有三分之一的生命是在睡眠。從上的例子中，我們將會感到牀在我
們的生活上如何地重要。

圖示1-3-15及1-3-16牀與家具配置與活動的最少空間。

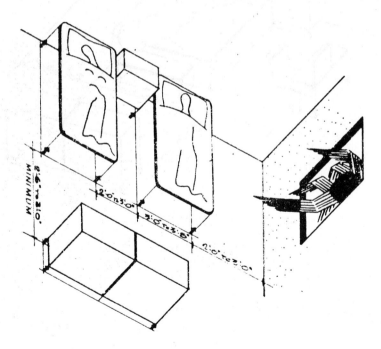

圖1-3-15　雙床臥室的標準最小空間

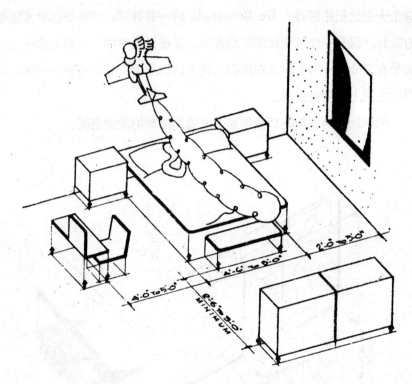

圖1-3-16　單床臥室的標準最小空間。

辦　公　室

辦公室 (business office) 是依照業務性質不同而有多種的設計，本節所列標準，並非絕對的數字，但是可以為設計者提供一個有邏輯的方法，庶免把真正為工作而忙的從業員的工作空間做得太小，而把只為了簽署幾封信件的老板書桌做得太大。

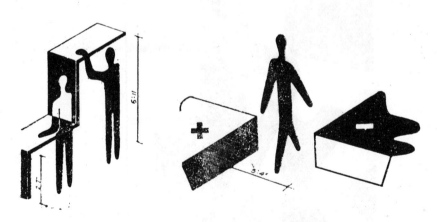

圖1-3-17　辦公室的標準通道與櫃枱標準高度

圖1-3-18　公文櫃的高度應以女秘書及圖書館女性管理員的標準
　　　　　高度為準。

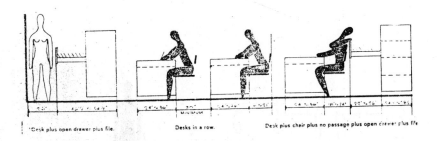

圖1-3-19　辦公室家具佈置的標準最少空間。

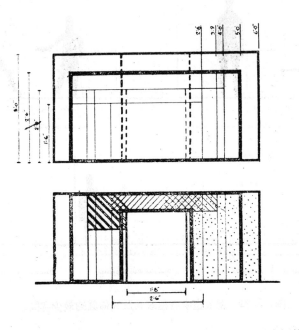

圖1-3-20　辦公桌的尺寸是包括抽屜、照明、電話及公文櫃等的各種機能而設計的。上圖爲標準辦公桌的平面，下圖爲側視，粗線表示設計上的比例。

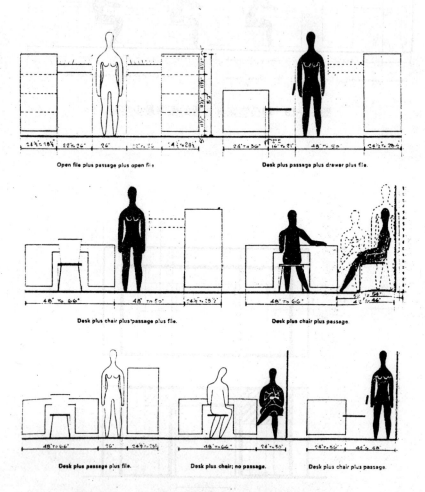

圖1-3-21　辦公室中各種家具及其佈置的最少空間。

餐廳與酒巴

一般酒巴間，出售飲料、點心，或為有龍頭裝置與盛汽水器皿（soda fountain）等櫃枱，是它的象徵。而餐廳則以進食的椅桌作適當的配置。一般雙人或四人的餐桌，其標準尺寸為20″×20″；20″×40″，以及 40″ 直徑的圓形。如果餐椅是有扶手的話，則必須注意扶手的高度是否在桌面之下，而且還需注意是否有足夠的地板空間，當人體站立而將椅子向後推時，所需人體的尺寸。

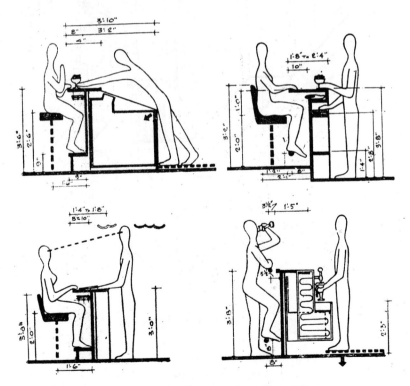

圖1-3-22　餐廳與酒巴間進餐櫃臺的標準空間。

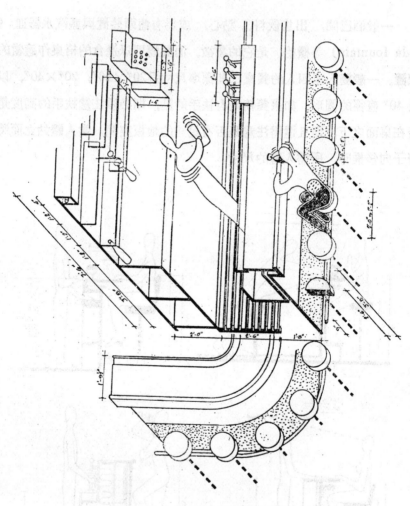

圖1-3-23　酒巴間設備的標準空間。

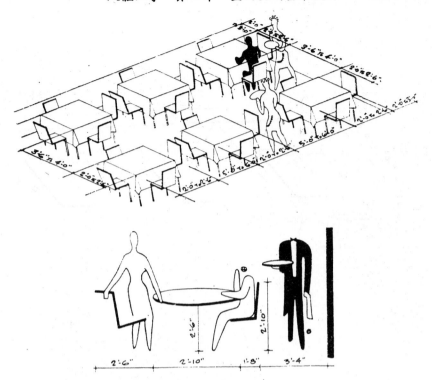

圖1-3-24　廳桌的佈置及餐桌椅的標準高度。

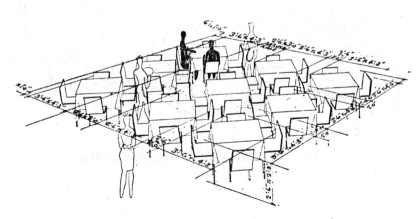

圖1-3-25　餐桌佈置的最少空間。

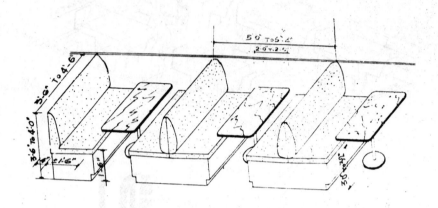

圖1-3-26　靠牆咖啡桌的標準高度及佈置距離。

表1-3-1　地毯面積換算（平方英呎）

CARPET AREA TABLES
(Based on standard 9', 12', 15' & 18' widths)

SQUARE FOOT TABLE
Feet and Inches Converted to Square Feet

INCHES	9'	12'	15'	18'	INCHES	9'	12'	15'	18'
1	.75	1.00	1.25	1.50	7	5.25	7.00	8.75	10.50
2	1.50	2.00	2.50	3.00	8	6.00	8.00	10.00	12.00
3	2.25	3.00	3.75	4.50	9	6.75	9.00	11.25	13.50
4	3.00	4.00	5.00	6.00	10	7.50	10.00	12.50	15.00
5	3.75	5.00	6.25	7.50	11	8.25	11.00	13.75	16.50
6	4.50	6.00	7.50	9.00					

Feet	9'	12'	15'	18'	Feet	9'	12'	15'	18'
1	9.00	12.00	15.00	18.00	36	324.00	432.00	540.00	648.00
2	18.00	24.00	30.00	36.00	37	333.00	444.00	555.00	666.00
3	27.00	36.00	45.00	54.00	38	342.00	456.00	570.00	684.00
4	36.00	48.00	60.00	72.00	39	351.00	468.00	585.00	702.00
5	45.00	60.00	75.00	90.00	40	360.00	480.00	600.00	720.00
6	54.00	72.00	90.00	108.00					
7	63.00	84.00	105.00	126.00	41	369.00	492.00	615.00	738.00
8	72.00	96.00	120.00	144.00	42	378.00	504.00	630.00	756.00
9	81.00	108.00	135.00	162.00	43	387.00	516.00	645.00	774.00
10	90.00	120.00	150.00	180.00	44	396.00	528.00	660.00	792.00
					45	405.00	540.00	675.00	810.00
11	99.00	132.00	165.00	198.00	46	414.00	552.00	690.00	828.00
12	108.00	144.00	180.00	216.00	47	423.00	564.00	705.00	846.00
13	117.00	156.00	195.00	234.00	48	432.00	576.00	720.00	864.00
14	126.00	168.00	210.00	252.00	49	441.00	588.00	735.00	882.00
15	135.00	180.00	225.00	270.00	50	450.00	600.00	750.00	900.00
16	144.00	192.00	240.00	288.00					
17	153.00	204.00	255.00	306.00	51	459.00	612.00	765.00	918.00
18	162.00	216.00	270.00	324.00	52	468.00	624.00	780.00	936.00
19	171.00	228.00	285.00	342.00	53	477.00	635.00	795.00	954.00
20	180.00	240.00	300.00	360.00	54	486.00	648.00	810.00	972.00
					55	495.00	660.00	825.00	990.00
21	189.00	252.00	315.00	378.00	56	504.00	672.00	840.00	1008.00
22	198.00	264.00	330.00	396.00	57	513.00	684.00	855.00	1026.00
23	207.00	276.00	345.00	414.00	58	522.00	696.00	870.00	1044.00
24	216.00	288.00	360.00	432.00	59	531.00	708.00	885.00	1062.00
25	225.00	300.00	375.00	450.00	60	540.00	720.00	900.00	1080.00
26	234.00	312.00	390.00	468.00					
27	243.00	324.00	405.00	486.00	61	549.00	732.00	915.00	1098.00
28	252.00	336.00	420.00	504.00	62	558.00	744.00	930.00	1116.00
29	261.00	348.00	435.00	522.00	63	567.00	756.00	945.00	1134.00
30	270.00	360.00	450.00	540.00	64	576.00	768.00	960.00	1152.00
					65	585.00	780.00	975.00	1170.00
31	279.00	372.00	465.00	558.00	66	594.00	792.00	990.00	1188.00
32	288.00	384.00	480.00	576.00	67	603.00	804.00	1005.00	1206.00
33	297.00	396.00	495.00	594.00	68	612.00	816.00	1020.00	1224.00
34	306.00	408.00	510.00	612.00	69	621.00	828.00	1035.00	1242.00
35	315.00	420.00	525.00	630.00	70	630.00	840.00	1050.00	1260.00

Example — 37'7" of 12' width

37' = 444 sq. ft
7" = .7 sq. ft
Total = 451 sq. ft.

表1-3-2　地毯面積換算（平方碼）

SQUARE.YARD TABLE
Feet and Inches Converted to Square Yards

INCHES	9'	12'	15'	18'	INCHES	9'	12'	15'	18'
1	.08	.11	.14	.17	7	.58	.78	.97	1.17
2	.17	.22	.28	.33	8	.67	.89	1.11	1.34
3	.25	.33	.42	.50	9	.75	1.00	1.25	1.50
4	.33	.44	.56	.67	10	.83	1.11	1.39	1.67
5	.42	.55	.70	.83	11	.92	1.22	1.53	1.83
6	.50	.67	.84	.00					

Feet	9'	12'	15'	18'	Feet	9'	12'	15'	18'
1	1.00	1.33	1.67	2.00	36	36.00	48.00	60.00	72.00
2	2.00	2.67	3.33	4.00	37	37.00	49.33	61.67	74.00
3	3.00	4.00	5.00	6.00	38	38.00	50.67	63.33	76.00
4	4.00	5.33	6.67	8.00	39	39.00	52.00	65.00	78.00
5	5.00	6.67	8.33	10.00	40	40.00	53.33	66.67	80.00
6	6.00	8.00	10.00	12.00					
7	7.00	9.33	11.67	14.00	41	41.00	54.67	68.33	82.00
8	8.00	10.67	13.33	16.00	42	42.00	56.00	70.00	84.00
9	9.00	12.00	15.00	18.00	43	43.00	57.33	71.67	86.00
10	10.00	13.33	16.67	20.00	44	44.00	58.67	73.33	88.00
					45	45.00	60.00	75.00	90.00
11	11.00	14.67	18.33	22.00	46	46.00	61.33	76.67	92.00
12	12.00	16.00	20.00	24.00	47	47.00	62.67	78.33	94.00
13	13.00	17.33	21.67	26.00	48	48.00	64.00	80.00	96.00
14	14.00	18.67	23.33	28.00	49	49.00	65.33	81.67	98.00
15	15.00	20.00	25.00	30.00	50	50.00	66.67	83.33	100.00
16	16.00	21.33	26.67	32.00					
17	17.00	22.67	28.33	34.00	51	51.00	68.00	85.00	102.00
18	18.00	24.00	30.00	36.00	52	52.00	69.33	86.67	104.00
19	19.00	25.33	31.67	38.00	53	53.00	70.67	88.33	106.00
20	20.00	26.67	33.33	40.00	54	54.00	72.00	90.00	108.00
					55	55.00	73.33	91.67	110.00
21	21.00	28.00	35.00	42.00	56	56.00	74.67	93.33	112.00
22	22.00	29.33	36.67	44.00	57	57.00	76.00	95.00	114.00
23	23.00	30.67	38.33	46.00	58	58.00	77.33	96.67	116.00
24	24.00	32.00	40.00	48.00	59	59.00	78.67	98.33	118.00
25	25.00	33.33	41.67	50.00	60	60.00	80.00	100.00	120.00
26	26.00	34.67	43.33	52.00					
27	27.00	36.00	45.00	54.00	61	61.00	81.33	101.67	122.00
28	28.00	37.33	46.67	56.00	62	62.00	82.67	103.33	124.00
29	29.00	38.67	48.33	58.00	63	63.00	84.00	105.00	126.00
30	30.00	40.00	50.00	60.00	64	64.00	85.33	106.67	128.00
					65	65.00	86.67	108.33	130.00
31	31.00	41.33	51.67	62.00	66	66.00	88.00	110.00	132.00
32	32.00	42.67	53.33	64.00	67	67.00	89.33	111.67	134.00
33	33.00	44.00	55.00	66.00	68	68.00	90.67	113.33	136.00
34	34.00	45.33	56.67	68.00	69	69.00	92.00	115.00	138.00
35	35.00	46.67	58.33	70.00	70	70.00	93.33	116.67	140.00

Example — 48'3" of 12' width

48' =	64 sq. yds.
3" =	.33
Total =	64.33 sq. yds.

表1-3-3　圓面積計算

PROPERTIES OF THE CIRCLE

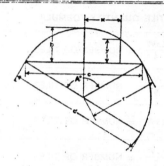

Circumference = 6.28318 r = 3.14159 d
Diameter = 0.31831 circumference
Area = 3.14159 r²

$$Arc \quad a = \frac{\pi r A°}{180°} = 0.017453 \, r \, A°$$

$$Angle \; A° = \frac{180° \, a}{\pi r} = 57.29578 \frac{a}{r}$$

$$Radius \; r = \frac{4 \, b^2 + c^2}{8 \, b}$$

$$Chord \; c = 2\sqrt{2\,br - b^2} = 2\,r\sin\frac{A}{2}$$

$$Rise \quad b = r - \tfrac{1}{2}\sqrt{4\,r^2 - c^2} = \frac{c}{2}\tan\frac{A}{4}$$

$$= 2\,r\sin^2\frac{A}{4} = r + y - \sqrt{r^2 - x^2}$$

$$y = b - r + \sqrt{r^2 - x^2}$$

$$x = \sqrt{r^2 - (r + y - b)^2}$$

Diameter of circle of equal periphery as square = 1.27324 side of square
Side of square of equal periphery as circle = 0.78540 diameter of circle
Diameter of circle circumscribed about square = 1.41421 side of square
Side of square inscribed in circle = 0.70711 diameter of circle

CIRCULAR SECTOR

r = radius of circle　　y = angle ncp in degrees

Area of Sector ncpo = ½ (length of arc nop × r)

$$= \text{Area of Circle} \times \frac{y}{360}$$

$$= 0.0087266 \times r^2 \times y$$

CIRCULAR SEGMENT

r = radius of circle　　x = chord　　b = rise

Area of Segment nop = Area of Sector ncpo — Area of triangle ncp

$$= \frac{(\text{Length of arc nop} \times r) - x \, (r - b)}{2}$$

Area of Segment nsp = Area of Circle — Area of Segment nop

VALUES FOR FUNCTIONS OF π

$\pi = 3.14159265359, \quad \log = 0.4971499$

$\pi^2 = 9.8696044, \log = 0.9942997 \quad \frac{1}{\pi} = 0.3183099, \log = \overline{1}.5028501 \quad \sqrt{\frac{1}{\pi}} = 0.5641896, \log = \overline{1}.7514251$

$\pi^3 = 31.0062767, \log = 1.4914496 \quad \frac{1}{\pi^2} = 0.1013212, \log = \overline{1}.0057003 \quad \frac{\pi}{180} = 0.0174533, \log = \overline{2}.2418774$

$\sqrt{\pi} = 1.7724539, \log = 0.2485749 \quad \frac{1}{\pi^3} = 0.0322515, \log = \overline{2}.5085500 \quad \frac{180}{\pi} = 57.2957795, \log = 1.7581226$

表1-3-4　磚瓦的各種面積與數量

CEILING AND FLOOR TILE QUANTITIES FORMULAS

TILE SIZE IN INCHES	TILE QUANTITY FORMULA
6x6	$\dfrac{L \times W}{4}$ = NUMBER OF TILES
9x9	$\dfrac{L \times W \times 16}{9}$ = NUMBER OF TILES
12x12	$L \times W$ = NUMBER OF TILES
12x24	$\dfrac{L \times W}{2}$ = NUMBER OF TILES
12x36	$\dfrac{L \times W}{3}$ = NUMBER OF TILES
12x48	$\dfrac{L \times W}{4}$ = NUMBER OF TILES
16x16	$\dfrac{L \times W}{16}$ = NUMBER OF TILES
18x36	$\dfrac{L \times W \times 2}{9}$ = NUMBER OF TILES
24x24	$\dfrac{L \times W}{4}$ = NUMBER OF TILES
24x36	$\dfrac{L \times W}{6}$ = NUMBER OF TILES
24x48	$\dfrac{L \times W}{8}$ = NUMBER OF TILES
24x60	$\dfrac{L \times W}{10}$ = NUMBER OF TILES

L = Length of floor or ceiling in feet.
W = Width of floor or ceiling in feet.

表1-3-5　美國及公制的度量衡換算

UNITED STATES AND METRIC SYSTEMS OF MEASURE

UNITED STATES SYSTEM

LINEAR				SQUARE		
12 inches	=	1 foot		144 sq. inches	=	1 sq. foot
3 feet	=	1 yard		9 sq. ft.	=	1 sq. yard
5½ yards	=	1 rod		30¼ sq. yards	=	1 sq. rod
40 rods	=	1 furlong		160 sq. rods	=	1 acre
8 furlongs	=	1 mile		640 acres	=	1 sq. mile
		(5,280 ft.)				

METRIC SYSTEM

LENGTH

1 kilometer	=	1,000 meters	= 3,280 feet, 10 inches
1 hectometer	=	100 meters	= 328 feet, 1 inch
1 meter	=	1 meter	= 39.37 inches
1 centimeter	=	.01 meter	= .3937 inch
1 millimeter	=	.001 meter	= .0394 inch
1 micron	=	.000001 meter	= .000039 inch
1 millimicron	=	.000000001 meter	= .000000039 inch

SURFACE

1 sq. kilometer	=	1,000,000 sq. meters	= .3861 sq. mile
1 hectare	=	10,000 sq. meters	= 2.47 acres
1 are	=	100 sq. meters	= 119.6 sq. yards
1 centare	=	1 sq. meter	= 1,550 sq. inches
1 sq. centimeter	=	.0001 sq. meter	= .155 sq. inch
1 sq. millimeter	=	.000001 sq. meter	= .00155 sq. inch

4. 環　　　境

知感與感覺

　　由於近世設計，　不論是工業設計、建築或室內設計，　都把視野放廣，着重於物質與物質之間的工程問題，或把物質與人之間的問題了解清楚。這些知覺（Perception）和感覺（Sensation），　對於人類心理的了解有很大的關係。

　　近世心理學對於知覺的用法，則以知覺位於感覺和觀念之中，而感覺者惟應現實的刺激而起。換言之，此等知覺和感覺，乃爲人對外界一切刺激情報的收容和反應，亦卽它和神經中樞直接有關連的全部過程，這些過程的探討在人體工學的研究項目中是非常重要的。

　　感覺和知覺，對不同的外界，分擔有各種不同的情報和作用。例如知覺負有監視作用，聽覺、嗅覺、味覺及皮膚感覺，乃負有警報作用，而筋力、肌肉、及關節感等所謂深部感覺乃負有對位置、運動、抵抗及重量等的調變作用，此外尚有對回轉或直線運動與動搖等的平衡感覺等。

　　上述各種感覺作用，卽人使用受容了外界的情報後，就傳到神經中樞，經判斷後再中繼改變本來所做的運動或操作。

　　Muiller 氏略謂人類對某種外來刺激，乃具有特殊器官的存在，而這種對應的刺激，稱曰適應刺激，但若刺激過份強烈或過低，可能對其對應的感受器官不適應，反致無法接受。故刺激強度，可以分爲適應刺激——即適合受容器官的感受，爲這種刺激所要發揮效果所需的最低限度的刺激強度稱適應刺激；未能達到此一刺激條件的，稱適下刺激。最合乎刺激效果的刺激稱最大刺激，比最大刺激稍強稱超適刺激。

照明與設色

由於建築形式的失當，操作機器的佈置不得法，以及採光及照明不能獲致良好結果，對於人的視力神經的疲勞等現象，都是人體工學研究課題之一。

不論天然的採光或人工的照明，其必具條件如次：

1. 照度 (lux) ——依工作不同使用適當的照度。
2. 光的性質——不論直射或反射，須無眩暈的現象 (glare) 發生。
3. 照射方向——在工作面積上的光束 (lumen)，即從光源發出至工作面的光量，必須均等而無深黑陰影。

照度過低，固然無法看清物體，但照度太高，也不適宜。照度且與物體表面反射率有密切關係。例如設照度爲100 lux，它對反射率10％與50％的兩種物體來說，前者的明度 (照度)應爲$100 \text{ lux} \times \frac{10}{100} = 10$ rlx，後者爲 $100 \text{ lux} \times \frac{50}{100} = 50$ rlx。即後者比前者光亮得多。

今日的人工照明，自光源直接照射稱直接照明，利用光源的反射稱間接照明，將光源遮以半透明體稱半間接照明 (semi-indirect)，將光線集射於某一工作點，稱局部照明 (local)。

照明的背景，必須有良好的反射率，顏色以白色、淡黃、或淡綠者有較佳的反射率。如爲室內設色，在內壁下部二公尺左右，塗以較濃的顏色，對光線以不起反射爲宜。

牆壁設色與反射率

壁色	反射率%	壁色	反射率%
白	82–80	灰	47–63
淡黃	62–80	淡青	34–61
象牙色	73–78	咖啡色	30–46
黃	60–75	深紅	18–30
淡綠	48–70	深綠	11–25

色彩效果

顏色	自然界的比擬	用途
白	雪	示範秩序
綠	草	造成安謐、中和與表示安全
紅	火	指示重要設備
橙	火	指示危險
藍	海天	造成海濶天空的感覺、引起遐思
黃	太陽	指示警戒、注意

各種顏色，可依照下列方式加以應用。

1.集中的顏色，即引人注意的鮮艷彩色，應用於小塊處以顯示機器的轉動等。

2.靜止的顏色，即不致使人分心的色澤，可用於各種機件的外部。

3.辨認的色彩，即強烈的顏色，依照國際公認的規定，施之管系或配線。

4.刺激的顏色，鮮明綺麗，可用於娛樂場以疏散神經。

由照明與設色所形成的氣氛效果，它是屬於藝術。

在個人設計反對應，嗜好各有不同，但原則上能滿足明視的良好條件則可。

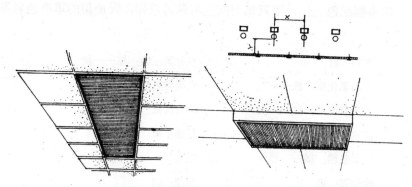

圖 1-4-1　天花板的間接照明是否照度平均端賴燈管的佈置。左
　　　　　圖上為日光燈配置X為管距，Y 為燈管距半透明體的
　　　　　高度，其比率為1:1 或1:2

室內色彩的選擇──室內色彩的設計，應考慮心理和生理的因素。生理方面是指四週光線所造成的反射效果，務使人的視覺得以維持，故此每一色彩都要淡一點，以防其吸收作用。

下表所示為調和色彩組成的一例。

調和的彩色組合

天花	上半部牆	下半部牆	地板	窗簾	家　　具
淡白	淡綠	綠	綠	綠	灰綠或淡黃
淡黃	淡黃	黃	棕	棕	淡棕
白	淡粉紅	玫瑰色	黃褐	黃褐	黃褐或淡棕
淡白	淡藍	灰藍	灰	藍	灰與淡藍

寧靜的色彩如綠、藍、及淡棕，應該用於休息的場所。純色則有刺

激作用，可用在工作場所。暗色和深的單色顯得突出，淡淺顏色則退縮，故此天花和牆壁要用淡色。

軍事標記色——下列為美國空軍彈道飛彈部隊使用的軍事色彩系統：

燃料：紅　　　　　　　　空氣調節器：棕——灰

火箭氧化劑：綠——灰　　火藥發射活塞：黃——橘

火箭氧燃料：紅——灰　　防火裝置：棕

注水系統：紅——紅灰　　壓縮空氣：橘

工具氣體：橘——綠　　　電線管：棕——橘

冷却器：藍　　　　　　　其他：白

呼吸用氧：綠

標誌色——標誌色彩最主要的目的，就是確定每一樣顏色都和其他顏色不同。由於色彩標誌常常會增加，故此在選擇新標誌色彩時，可以參考美國標準局的「安全色彩典範」（Safety Color Code）所推薦的七種顏色，它可以一貫運用。

表面顏色與色號	色　燈
紅11105	紅
橘12246	琥珀黃
黃13655	藍
藍10B7/6	
綠5G6.1/11	
棕1YR4.1/4	
紫2715	

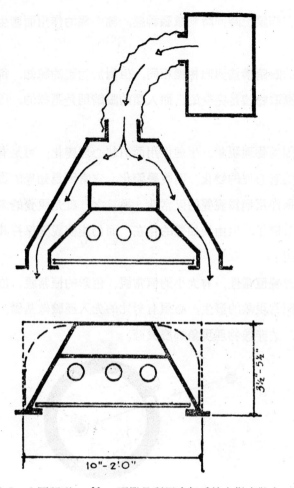

圖1-4-2　上圖凹形troffer 型燈具利用冷氣系統合併安裝在一起
　　　。下圖示另一型式燈具的安裝法 。

視覺的物理現象

　　視覺是由物理、生理及心理三要素而成立。如圖 1-4-3；物理是指
視野中的物體之現象的存在, 二是生理作用的健全或生理的差異, 三是

物象投射在網膜上時同時刺激腦神經，經中樞的作用而產生視覺上的認知。

人類的眼睛構造與照相機相同，但對於物體的認知，卻因人而異。照相機的攝取物體是完全的，而人類的眼睛則是選擇的，所謂視覺的自由。

視覺因受物理現象、生理作用而引起心理變化。可是有時它並不那麼真確地隨着心理的變化，而視覺變化，它常因為知覺的影響，而變化不大，這種作用稱為視覺的恆常性。換言之，就是視覺的刺激條件雖然因環境而改變了，但由於知覺的存在，而仍能使視覺保持其高度的原來視覺的作用。

此一視覺恆常性，有大小的恒常視、色彩的恒常視、位置的恒常視等。這種恒常現象的發生，必須有對比的先入經驗做基礎。由於可知視覺的作用，並非像物理現象那麼真確。

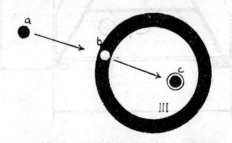

圖1-4-3　a 物象　b 視覺生理　c 主視意識
1 物理現象　2 生理現象　3 心理現象

對於外部的物理現象，我們用眼睛攝取的對象，它必須有三項條件，即眼睛、物象與光。由此三者的聯成，才能成立視覺對象。圖 1-4-4 示視覺現象的變化，即亦三者要素的變化關係可以表示如次：

$$V = F(X.Y.Z)$$

V 為視覺現象，X 為視覺的主體（眼睛），Y 為被看的客體，Z 為媒體的光。上式V爲XYZ的函數，故若XYZ變化時，V亦隨之而變。

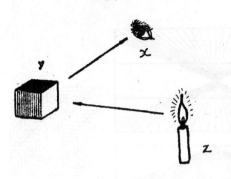

圖1-4-4　視覺現象

　　X的變化，爲眼睛和對象距離與角度等變化的問題。諸如近、中、遠以及遠望、鳥瞰、仰觀等，爲對象視線的角度關係。

　　其次爲更換X本質的觀察，視物以肉眼爲主體，但變換X的本質時，可應用光學儀器，以簡單的擴大鏡及顯微鏡能看見平常看不到的視覺現象。

　　Z的變化，太陽爲光的代表，是最古老的光源，且爲一切光源的標準。今日已有各種人工光源，各以不同的特徵呈現出不同的現象。如X光線所作的透視現象。又如增加光源與配置角度距離關係，更可出現複雜微妙的情況。

錯　　視

　　物體的形態與人的眼睛所看到形態，常會有出入，這種變形(distortion)，不僅發生在視知覺的恒常性，同時，在受到物理現象的各種因素的干擾，也會發生視覺生理錯視 (confused illusion) 現象。

1.方向錯視──方向進行時，因受週圍形體或方向的影響，使原來方向產生錯視如圖1-4-5及1-4-6所示。

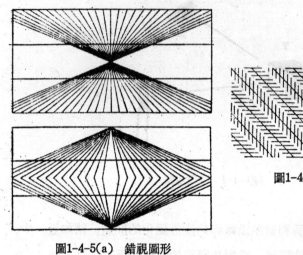

圖1-4-5(b) 錯視圖形

圖1-4-5(a) 錯視圖形

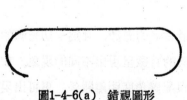

圖1-4-6(a) 錯視圖形

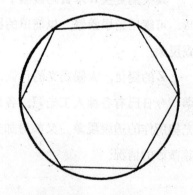

圖1-4-6(b) 錯視圖形

a 平行線因斜線的干擾，而變成不平行的錯覺。

b 與平行線相交叉的直線位置的偏差。

c 與兩圓弧相連結的直線，與圓弧做反方向的彎曲。

d 圓之內接多角形，各邊彎向裏面。

2.長短錯視——同樣大小的長短，因受週圍的變化不同，結果產生長短的錯視如圖1-4-7所示。

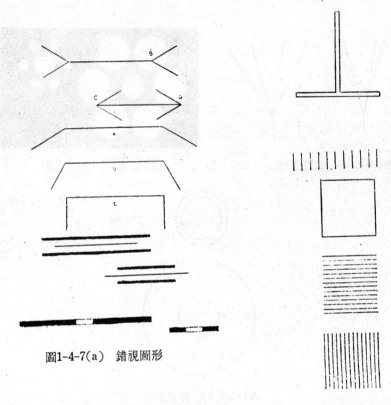

圖1-4-7(a)　錯視圖形

圖1-4-7(b)　錯視圖形

a 線之兩端稍加變化，則長短感覺不同。

b 兩線段本來相等，因水平與垂直方向的不同，使長短感覺不同。

c 本來兩段長短相同， 因左段分割， 而使右邊產生了比較短的感覺。

d 兩圖形原是正方形，但因分割線段的方向不同，使水平分割的，
覺得縱長，垂直分割的覺得橫長。

3.面積錯視——雖然面積大小相同，但因受周圍形體或明度，以及
方向的影響，結果產生面積不同的錯視如圖1-4-8所示。

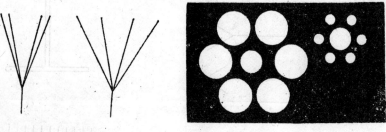

圖1-4-8(a)　錯視圖形　　　　　圖1-4-8(b)　錯視圖形

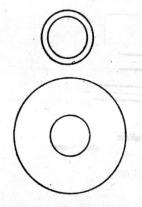

圖1-4-8(c)　錯視圖形

a 中央的角度，面積都一樣，但是由於周圍的面積變化，結果在左
　方的，顯得比右方爲大。

b 同理，兩圖的中心之圓，面積相同，但是被大圓圍繞的，比在小
圓中的顯得要小。

c 同理，此兩圓的中心之圓。面積相同，但是在小圓中的，顯得比

大圓中的大。

4.量感錯視——體積相同的物體，在不同的背景前面，或不同光度的照明下，以及受到周圍不同的物體的對比下，量的感覺會發生錯誤。這種理象，與長短、面積的錯視相似。屬於形態的力動（dynamic）與視覺心理的關係。如圖1-4-9所示。

圖1-4-9 量感錯視

5.色彩錯視——色彩的色相（hue）、明度（value）、彩度（chroma）等，因其所處的地位，以及背景或周圍色相、明度、彩度的不同，也會產生某種程度的錯視。這在色彩的對比配色中，最為明顯，圖1-4-10所示乃其一例。

a 同樣中明度的顏色，在低明度上顯得亮，在高明度上顯得暗

圖1-4-10(a) 對比

b 同樣的色面積高明度的面積顯得大，低明度的顯得小。

圖1-4-10(b) 對比

　　這種錯視的產生，是由於形態本身具有物理的力動現象，這種力動在物體的光刺激網膜時，即已產生。它猶似電流般圍繞著網膜上的映像，所以在網膜上經由腦神經的認知時，其力動即干擾著視覺的偏差。同時這種偏差在有對比、或相對的情況下，物體的形勢，使物理的力動感更為明顯，終致造成了視覺的錯視。

　　由於上述的各例，我們當了解形態的吸引視覺，以及視覺的產生心理作用，而表現出感情的流動，實由於形態本身的力動，及其相互間態勢所形成的張力（tension）與壓力（pressure）等所致。

　　在造形的過程中，錯視不僅影響造形的理念，如果忽視了這種現象，有時反而造成了錯誤的結果。

噪　音

　　噪音（noise）影響於工作效率，這是一般的常識。作業人員常常由於噪音的干擾，而使精神無法集中，或陷於疲勞，以致發生操作誤失和意外。

　　噪音依各種機械性質不同而異，噪音測定德國以 "phon" 爲單位，美國則以 "decibel" 爲單位。根據調查，例如美國人平時低聲談話，其聲音爲 0 db，非常吵鬧的話聲爲＋20 db，聲音甚弱爲－20 db，低聲爲－40 db。紐約市的噪音高達 50db，電視攝影棚的噪音約爲 25～30 db，大酒店爲 40～45db，音樂室爲 30～35db。

　　人類本來就有順應環境的能力，因噪音影響會增加脈搏，但過了一陣子便會復元，故有緊張、血壓升高、胃的蠕動減少、頭暈等現象。

　　有害的噪音認爲是 110db，而以 85db 爲安全，在勞動安全衛生規則以 100db 爲界限。

　　噪音在互相對立的門當中，最容易傳遞，間隔的門可以減少噪音的傳遞。窗戶可以幫助減少噪音 53db，一塊門窗玻璃重21盎司，可以減輕噪音28db，$\frac{1}{4}$吋厚的玻璃可以減少 35db。兩扇21盎司的玻璃，中間留着 1 吋寬的空氣絕緣間隔，可以減少 42db，若空氣絕緣間隔愈大，則噪音愈可減少。木板上敷上$\frac{1}{2}$吋石膏，都有減少噪音的功效。

　　爲了要使噪音的傳遞減少，最好室內避免做成圓形天花板，特別是小範圍的室內，這一種設計會有集中聲音之弊。

　　狹長的房間，通常是可以提供較好的音響，長寬之比爲 5：3。房間高度與寬度之比爲 2：3，但對非常大的房子，則須降低這種比例。

　　上述是空氣振動與器官的問題，至如振動（vibration）要以三次元來做根據，其中以垂直方向最成問題，多數振動為複雜的波形。若祇屬正弦波 (sin wave) 的合成時，一般在 50cps以下。1～6cps 的程度，對生物體合成有加速作用。2～3cps 有似船搖，其作用常影響內耳平衡器官與視力。因動搖所顯示的病徵，常是複雜而不明顯。要之，振動數愈多而振幅愈大，對人的症狀影響也愈嚴重。

溫度與耐力

溫度對於人體的影響，目前尚未完全了解，但是某些極端溫度，已經證明對於人——機械系統是有障礙。例如思考或集中視力而毋需體力勞動時，人在華氏 85°F是可行的。如果高達 120°F，則只可忍受 1 小時，160°F則只能忍受半小時。70°F 可使疲勞開始，65°F 是最適宜（舒適）的情況，但低至 50°F 時身體四肢僵硬開始。夏天舒適的溫度範圍為 65°～75°F，冬天則為63°～71°F。

人類對寒冷的耐力，雖然依各人健康不同而有差異，但按測驗所得平均結果，如果浸溺在15°F的冷水中，亦即相當於 −10°C 時，便立刻失去知覺而死亡。

人體工學中曾經做過許多實驗，被試驗者穿着輕便的工作衣（ 1 Col）和穿着重型飛行衣 (4Col)，然後進入極冷的室內作耐力的試驗。得知穿着重型飛行衣者，在−40°C 寒氣中，耐力可達半小時，而穿着工作服者，其耐力僅能在0°C以上維持二、三十分。

"Clo" 為抗熱單位。衣服在 −18°C 的變化中，能抵抗 1 calorie/M²/hr.的熱流量。1Clo 的衣服坐在普通空氣流通在 70°F下的室內才覺得舒適。

正常的體溫因各部分不同而有各種溫度。當氣溫降至 62° F時，我們進入涼爽的範圍，主要由對流和輻射來散熱，少部份是蒸發消失。在 78°F 以上時，對流和輻射所得到的熱量要比它涼得多，故此散熱的重點在蒸發上面。

個人能夠適應在舒適溫度範圍內，任何一種因素的20%改變，與在極冷下35%的改變，但在極熱的改變，就不一定能適應。

呼吸與失氧

成人的正常呼吸速度為每分鐘14〜20次，若採其平均數16次每分的話，則每分所需呼吸量為0.28立方呎。在海平面氧的含量約為21%，在 15,000 呎高山約為 12%。在封閉的室中，二氧化碳不得超過 0.5%，在吸入的空氣中1%〜2%的濃度是察覺不出的，雖然那時會減低一個人的工作效率。

當二氧化碳超過3%時，就會覺得呼吸需要點力，當達至5%〜10%時，就會覺得開始吃力而疲勞，超越10%，不論時間多長均會立刻致命。

飛機在高空中飛行，需要有壓力艙，雖然有些登山者在稀薄空氣的高峯，可以適應一段的時期。

載人的太空艙需要提供正常的「地球狀況」給機員，如此機艙是不能漏氣的，如果艙內用純氧是非常危險的，因純氧是一種易燃物，因此有人體工學的工程師主張用海平面狀況的空氣的氧含量。

高度（呎）	人類行動的限制
5,000	不需氧的供應，夜間視覺正常
8,000	不需供氧設備
10,000	不需供氧設備
18,000	緊急情況下可能需氧
20,000	機艙應加壓
25,000	在116秒如果缺氧，則會失去知覺
30,000	要供應加壓氧以供呼吸
35,000	"Demand type"氧氣系統的極限
40,000	無氧下，23秒以內失去知覺
45,000	飛行需要穿壓力服
50,000	緊急情況下應用壓力供氧

5. 疲　勞

疲勞的因素

人體疲勞的產生，原是由過度的體力或精神的支出而引起。但疲勞的成因很多，如人體本身因素、作業環境與條件，都可以造成疲勞。

由於疲勞產生自生理和心理的種種情況下，故此疲勞不是斷層性的能顯示出來，故其症狀常常不能作出明確區別。

在工廠管理中，已知操作時間有許多因素，足以影響生產。在已知的工作和設備下，工作和生產，是決定於從業者的能力、速度、以及他的意志而定。

同時由於工作時間的長短、工作性質、休息次數、地點、工作環境中的照明、通風、噪音、等因素，均致引起疲勞。

疲勞又依年齡的大小而有別。

疲勞不但使工作能力減低，同時也是表示生命的降低，而引發種種生理障礙的可能，而且也是表示意外、錯誤、失敗等種種形態的發生。

人體發生疲勞之後，在某些程度有恢復的可能。疲勞因應的種類有心疲勞、肌疲勞、全身疲勞、及精神性疲勞等，其中則以精神性者為最嚴重。前者在二、三日或短時間休息可以恢復，而後者的精神性疲勞，可能需要一個月以上，或成為不能解除的狀態。

關於災害的發生，　德國全國工會曾經做過一項災害數與時間的調查，時間爲上午六時至夜間十二時止，工廠中發生的災害數如次；

上午6－7時　　　435起

7－8時　　　794起

8－9時　　　815起

9－10時　　　1,069起

10－11時　　　1,598起

11－12時　　　1,590起

由於上述的統計，得知工作愈長，而從業者的心身也愈疲勞，而引發的災害也愈容易。近世對於工作時間的短縮與能率學，不特是人體工學中研究的重點，而且也是社會的一項爭議問題。

疲勞的判定

爲了要判斷一種作業方法在操作上最妥善或適當，　或設備經改良後，是否能減輕操作者的疲勞程度，因是有下式來計算，來做判斷，但此式並不包括心理的因素。

$$E = \frac{P}{S} \quad (筋力作業的機械效率 = \frac{筋出力}{熱量消耗})$$

設式中的 P 爲筋力的出力，S 爲筋力出力所需的熱量（energy）消耗量，E 爲筋作業的機械的效率。

就 P/S 項來分析計測的方法，一是 P 與 S 兩皆加以計測，求出 E 的效率指數。其次假設 P 爲一定，祇計測 S 與生理負擔做比較。但對於長時間使用筋力而產生的疲勞，則應以不同的觀點的方式來計測了。

疲勞的出現，如果工作是非常簡單，疲勞使人體自覺就不甚明顯，而且很快地消失。但另一方面，若需要很大勞力來工作時，疲勞的現象，可以使人明顯地覺得，而其在時間上的消失也延遲。故此，推測疲勞的程度的方法，就是用計測人在工作時，他所耗費熱量的消費量多少來做比較。

　　計測特定作業時，人所消費的熱量，第一步從採取工作者的「呼氣」，從呼氣中的成分推算氧，再將氧換算爲熱量，由此熱量的消費，再比較其疲勞程度。這種呼氣的測定，是應用採氣袋從工作者先取出呼氣，用瓦斯表（gasometer）測定其體積，再用瓦斯分析器而求出其氧的消費量。消費 L 的氧，等於在體內做35仟卡的工作量。

　　除上述外，亦有以人體新陳代謝的觀點來計測疲勞程度。不過人因疲勞時會呈現生理上各種徵候，故此把握這個生理的特性來做測定的方法頗多。例如脈搏變化的測定、血液檢查、發汗作用、尿的 pH 度變化、腦波變化等的測定，都是用以判定疲勞的科學根據。

第 2 編
工業安全

1. 工業安全概念

工廠的意外傷害

安全 (safety) 一事，在早期的工廠，並不似今天的普遍和受到重視，因既往只視同一項通常工作，從未加以研究。迨至近三、四十年，世界各國對於安全，才先後開始發展，此實由於一般先見與工程人員感到確實需要有以致之。

這等人員，就是當年安全工學 (safety engineering) 的始創者，他們以各種工業為基礎，作為推論實施安全之種種方法。今日此項工業安全 (industrial safety) 已獨樹一幟，且成為工業管理中的一種專門學科。

昔日不少有關安全的倡導者，今日雖已離世；但一部人員，仍在再接再勵，故安全的學問和它的發展，更顯得進步與活動。今日自各大企業以至家庭，每一個單位的生活，都急切地需要安全知識，正因工廠中十之八九的意外事故，均賴安全知識得以消除。

回溯過去美國每年因普通意外事故約有100,000人死亡及9,000,000人受傷。因意外發生，金錢的損失，一時雖無法估計，但每年亦有七十億美元之譜。

意外事故的損失

至如工業上人員的死亡和受傷，其數字則更爲可怕。卽美國每年約有16,000人因工作而喪失生命，85,000人因工作失明，或切斷手足而成爲局部殘廢。此外尚有1,850,000人因意外發生，需要休息一天以上。

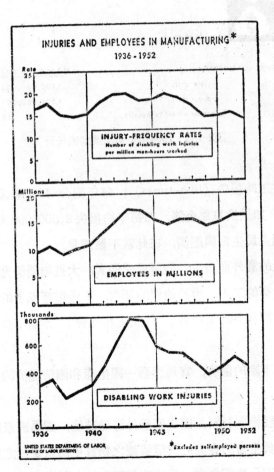

圖2-1-1　工業傷害統計（1936-52）

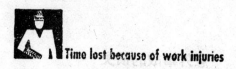

Timo lost because of work injuries

	Man-days
Total time lost in 1954	230,000,000
By injured workers	40,000,000
By other workers	190,000,000

Accident costs

Total cost in 1954	$3,200,000,000
Visible costs	1,700,000,000
Indirect costs	1,500,000,000
Cost per worker to industry	50

圖2-1-2　1954年美國工業傷害統計

統計這些工時損失 (loss-times)，每年約合 45,000,000工作日（man-days），如果換算爲金錢，卽每年約損失2,500,000,000美元。災難的危害一國人民生命與經濟，在此當不難想見。

因工業上的意外而喪生、殘廢或受傷者，大抵均屬優秀的人才，或爲具有特殊技術的工人。由於他們的死亡，不僅影響死者的本身，甚至牽連到他的家屬和共同工作者。卽雇主和社會，亦無不蒙受莫大的損失。

此等源源不斷的傷害，實爲影響一國生產和國防經濟的一項嚴重問題。

至如機械設備與材料，因工廠意外遭受破壞，固爲國家經濟上的損失；但工作人員生命的喪失，其價值較之物質更爲重要。尤其在此世局動盪之中，如安全施行失當，足使整個國家的各種工業，失去相互啣接和運用，以致瀕於癱瘓狀態無疑。

生產時間的損失，亦為一項龐大的數字。美國近年平均每年工人因工作 (on-the-job) 所遭受損失為45,000,000工作日，非工作 (off-the-job) 的損失為 60,000,000 工作日，合計每年約為 105,000,000 工作日。它的損失，幾乎相當於一支450,000 人的軍隊，長年沒有工作而賦閒一樣。

此不必要的生產能力的損失，若對戰時狀態的國家而言，固然是最嚴重的問題，縱使在和平的時期，也會使一國人民坐吃山空。

意外防範方法的改善

過去的幾年中，我們對於意外事故的記錄，已經改善不少，可是無法說出所得的利益到底有幾許，因為近廿餘年來，意外事故的數據均不太完整，直至今天，無疑地尚有不少的數字無法校正。

例如在早期的1913年，因意外事故而死亡的人數為：25,000。❶

這個數字也許傾向於戰時以往的時期，及至1933年，死亡數字竟降至14,500人。細察前後二十年，因工業的增加，傷亡人數照理雖隨工業安全的發展而有所改進，可是也不應該遽減如是之速。

美國今日不少廠家由於國家安全評議會(National Safety Council)的協助，每年意外均因管理改善而趨低減，同時由於該會的指示，已獲致不少的利益。

---

❶　Bulletin 157, "Industrial Accident Statistics", Hoffman, Goverment Printing Office., 1915

大企業安全實施的改善

從許多的論證中，例如表3美國國家安全評議會所列的數字，我們得知一般大企業的傷害頻率 (accident frequency rates) 均較小企業者爲低。譬如在該評議會協助下的 9,000 單位工廠和公司，最大或具規模者，其中三分之二的廠家的傷害率 (injury rate)，均非常良好。

表2-1-1 各種行業的意外事故

工　業　類 (Industry Group)	Deaths Per 100,000 Total Workers			All Injuries* Per 100,000 Total　　Workers		
	1950	1950	1949**	1950	1950	1949**
各　　工　　業 (All Industries)	15,500	27	26	1,950,000	3,360	3,250
行　　　　　業 (Trade)	1,500	12	12	335,000	2,660	2,690
公　　　　務 (Service)	2,200	14	14	375,000	2,450	2,340
製　　　　造 (Manufacturing)	2,600	17	16	425,000	2,810	2,660
公　用　事　業 (Public Utilities)	300	27	30	24,000	1,970	2,400
運　　　　輸 (Transportation)	1,300	43	45	175,000	5,830	5,860
農　　　　業 (Agriculture)	4,300	57	54	340,000	4,530	4,250
營　　　　造 (Construction)	2,300	93	91	205,000	8,300	7,830
採礦石、油井與氣井 (Mining, quarry- ing, oil and gas wells)	1,000	110	105	71,000	7,800	7,370

OCCUPATIONAL ACCIDENTS, 1950

*Includes deaths. **1949 rates include revisions.

4 Frequency rate is the number of disabling injuries
per million man-hours worked.

表2-1-2 為Bureau of Census 所示傷害頻率與工廠大小的關係。最小規模的工廠，雇工在25名以下者，頻率為25.9，而大規模工廠，雇工在1,000名以上者頻率為9.2。

表2-1-2　傷害頻率與工廠規模

工廠規模（雇用人數）Plant Size (Number of Employees)	對全部生產工廠% % of All Manufacturing Plants Cum.		對全部雇用人員% % of All Manufacturing Employees Cum.		頻　率 Freq. Rates of ON. S. C. Reporters Cum.		完全殘廢者% % of All Disabling Injuries in Manufacturing Cum.	
Under 25	70	—	9	—	25.9	—	17	—
25 to 49	12	82	7	16	21.4	22.4	10	27
50 to 99	8	90	9	25	17.4	18.4	11	38
100 to 199	4	94	10	35	18.2	18.3	14	52
200 to 499	4	98	19	54	12.3	13.8	16	68
500 to 999	1	99	13	67	11.8	12.9	11	79
1,000 and over	1	100	33	100	9.2	10.5	21	100

小規模工廠中的大問題

　　根據1950年U. S. Bureau of Labor Statistics 的工業統計，小規模工廠人數雖小，但其成績，則遠較大規模工廠為劣。

　　下列農業及營造兩欄中，包括有不少小型工廠。顯然地，如是就下列的數字觀察，即使大型工廠的傷害可以消除，而在小型工廠方面的安全問題仍然是存在，由此我們當知為何尚須努力，必需把安全擴展至每一個小型工業。

農業 (Agriculture)	340,000
營造 (Construction)	205,000
製造 (Manufacturing)	425,000
開礦與採石 (Mining and quarrying)	22,000
公用事業 (Public utilities)	24,000
運輸 (Transportation)	177,000
行業 (Trades)	335,000
廠務公營、財經與其他工業 (Service, Goverment, Finance and Miscellaneous Industries)	373,000
總　　計	1,952,000

其實安全工學的一門學問，照理對於大企業的管理，原本就不易使他們接受；即在安全本身而言，其擴展的步驟，似亦應先從小規模工業入手，而後再擴及於大工業。但事實上，小企業工廠不僅較之大企業推行困難，且其結果亦遠爲低劣。究其原因，約有下列數端：

(a)小型企業因限於經濟， 無法雇用專業的安全工程師予以經常指導。

(b)即使由於在職的職員兼辦，往往又因責務繁重而無暇兼顧。

(c)一般小企業無法維持傷害經費 (accident cost) 的開支。

以上種種，都是小型工廠不易推行安全制度而有高度頻率的主因。

安全工學

安全工程師是一門最新的職業，其任務的執行，必須由工程人員如機電、土木和化工工程師來擔任。

安全技術關連着其他許多工程的知識，發展而成的一種專門科學。

正因爲它的發展如是之新，故其組織，目前尚無法予以標準化。卽使將來可以標準化，但也不易達到如數學公式一樣，可以依各種不同問題而活用。

例如安全的記錄，雖有不少安全工程師均能達到極其滿意的地步，可是兩者間之方法，多少亦互有不同。卽兩人在同樣情況下做同樣的工作，而兩者方法，也未必是相同。

關於安全一事，其立論雖以工學爲基礎，但其關連的科目範圍則至廣，例如管理、心理、以及生理等，均無一不涉及，故其工作之推進，卻無法像數學與理化科學一樣那麼純粹，而施行的手段更須要有機動性。

從經驗中得到的課題

既如上述，安全工學迄至今日爲止，雖尚無法使其趨於公式化；但在另一方面，卽根據其活動與方法的結論，卻可將其資料，作爲計劃一項安全基礎之參考。換言之，卽綜合過去安全工程師之寶貴經驗，藉以證明意外，足可由人爲的方法予以消除，且得結論如次：

1.意外事故可以人爲的力量防止其發生；

2.防止意外事故的發生是一個最吻合於道德學和維護財務利益的最好方法；

3.施行安全制度，所耗金錢並不太大；

4.意外防止，其技術問題並不太難，但需多方面的知識；

5.一般意外的發生，都有其因果的存在；

6.探索意外的原因（cause）爲安全工學中最重要之要素；

7.應盡量設法在意外事故未發生之前，將其胚種予以消滅；

8.意外起因的防止和探索，較之發生後之處理和救濟更爲重要；

9.每一工業的操作程序之傷害發生，均能事先發現或設法減輕；

10.大凡意外事故，均由極簡單的原因或一時的疏忽所致，不論在大小工業，情形都是一樣；

11.不論大小工廠，安全工作必須由全體人員合作，而非個人的工作 (one-man-job) 。在安全組織中，勿論上至廠長，下至清掃工，都要共同合作，然後災害方能消除；

12.工業上的產量、品質和成本，既有方法予以控制；而意外事故，目亦可以用同樣的方法來加以控制或消弭；

13.安全工程師的職責有二：其一為如何解決工場中安全的問題；其二則為感化每一個工作人員，在工場中防止其另一部份意外的發生；

14.一般工廠無要特別聘請安全工程師，尤其是小型工廠為然。在可能範圍內，儘可能利用現職人員兼任安全職務。

2. 美國工業安全的發展

工業安全運動

工業安全運動 (industrial safety movement) 發軔於歐洲。因爲當年歐洲人從家庭工業進入工廠工業的時期，工作環境大都欠缺安全，卽在十九世紀中葉，許多國家的政府與行業的同業公會(trade guilds) 或行業工會 (trade unions)，對於工作環境的改善，都未加以注意。

迨至 1900 年，德國首先對機器加以安全的設施，不久英國繼其後塵，對於容易發生災害的煤礦以及鍋爐也開始施行嚴格檢查。最後這種安全組織運動，逐傳至美國，而美國今日，不僅把安全擴展及於一般工作，卽對於學校與家庭，也無不普及而加以運用。

安全運動在德國開始初期，所包括的工業範圍頗廣，宣傳工具，主要者有附插圖的安全手冊，闡述意外的防範與處理方法，以及如何計量意外事故的發生等等。

美國繼德國之後，國家安全評議會在1913年始根據德國的資料，出版了一些有關安全知識的書籍，其時甚至有不少安全的標準與圖樣，幾乎一字不改，譯成英文出版。

此後歐洲不少國家的安全制度，逐漸反映至立法法律的問題上，其中尤以英法兩國進展最速。

被害者的善後

給予工人組織最初的反應，乃為發生意外以後的賠償問題。

早期對於工人的因死傷賠償，是由雇主自行規定，並根據傷害的輕重，而酌予賠償損失。但今日此等賠償，則須經過法律以及參照慣例，雇主對於被害的工人，須負全責予以醫治或付撫恤費用。

安全組織運動在美國

美國大工廠對於傷害防止的實施，是由Illionis Steel Co.在1892年首開其端，其後1912年，Milwankee的工程師自行組織一個安全團體，一度在紐約舉行有關安全的會議以後，翌年遂改稱國家安全委員會，如是維持兩年，迨至 1915 年以後，才改為今日的國家安全評議會的名稱。

今日該會的活動範圍，已是非常廣闊。它對意外的防止措施，不僅限于工廠，即對于都市、公路、學校的兒童以及家庭，都屬其業務範疇之內。

該會的倡導及贊助人士，且日見增加。出版刊物除宣傳小冊外，同時刊行六種月刊的權威雜誌如次：

國家安全新聞 (National safety news) 工廠雜誌之一；

公共安全 (Public safety)；

工業觀察 (The industrial superviser)；

安全勞工雜誌 (The safety worker)；

駕駛安全雜誌 (The safety driver)；

安全敎育（Safety education）——專供學校敎師參考。

此外尙出版無數有關安全資料及不定期刊物，諸如安全實施須知（Safety practices pamphlets），健康須知（Health practices pamphlets），工業傷害統計表（Industrial data sheets），安全會議年報（Annual safety congress transaction），安全報導（Safety facts）安全標語、畫片、安全規則、和安全日曆等。

除評議會出版上述刊物及資料外，美國尙刊有兩種極富價值的安全書籍如次：

職業傷害（Occupational hazards）——Published at 1240
　Ontario Street, Cleveland, Ohio, U. S. A.

安全維護與生產（Safety maintanance and production——
　published by Alfred M. Best & Co., 75 Fulton Street, New
　York 38, N.Y.

社會安全評議會

美國自社會安全評議會（Community Safety Councils）成立以後，業務不止限于一地，且擴及其他地方上的各種組織。1917年 Pittsburgh 是最先受到該會的影響，而設立了一個安全機構的都市，組織方面，則由地方官員、文化界的專家、企業界、社團和保險公司予以支持。委員近五百人，其中有二百人受領薪俸，其他均爲義務兼職。

活動的範圍如下列所示：

企業管理安全會議（Safety meeting for topmanagent
　representative of industry）

安全工程師會議（Safety meetings for safety engineers）

工廠主任暨領班安全會議 (Safety meetings for foremen and
　　industrial supervisors)

工人安全集會 (Safety pallies for industrial workers)

地方安全年會 (Regional or state-wide safety conferences
　　held annually)

港務安全會議 (Fleet safety contests)

工業安全會議 (Industrial safety contests)

除上述外，美國尚有其他的附帶工作的安全組織，分佈在各地，下
列爲其主要的一部：

美國安全工程師社團 (American society of safety engineers)

美國標準協會 (American standard association)

美國安全博物館 (American museum of safety)

美國公共衞生協會 (American public health association)

美國煤氣協會 (American gas association)

美國運輸協會 (American transit association)

美國鐵路協會 (American railway association)

火災共濟 (Fire mutuals)

國際工業安全委員會 (International association of industrial
　　accident board and commissions)

國家標準局 (National bureau of standards)

國家照明協會 (National electric light association)

國家防火公會 (National fire protection association)

國家安全局 (State safety departments)

美國聯邦勞工局 (United states department of labor)

美國聯邦礦山局 (Uuited states bureau of mines)

安全訓練課程

上述安全運動，其中不少的課題屬于安全訓練的活動。訓練的對象，固以工廠爲主，另一方面且普及于大專學校的課程，美國自1940年以降，不少理工學院，均創設一門所謂"ESMDT"的安全學科。

最初設立這項安全課程爲Pennsylvania 大學，計150小時，辦理成績，至爲成功，迄今數年，已有 70,000 人完成這門學業。

自 Pennsylvania 以後，不少學院也相繼增闢這項特別選科，藉使學生在未踏入工廠以前，均能具備豐富的安全知識。譬如在機械課程中，在設計上則須予先考慮有關安全的若干事項。而且也有不少工業大學把安全列爲必修科，電機和土木工程，卽其一例。

此外還有一些工學院，正在計劃設立工業安全系 (Dept. of safety engineering)，並在畢業後授以學位。

3. 意外事故費用

雇主的損失

工人在工廠發生意外，不僅對雇主在生產上蒙受損失，即受傷者本身及其家屬，甚至于社會，也都受到影響。

直至目前爲止， 美國工業中每 1 件傷害事件在時間的損失 （ lost-time injury） 平均爲 1,800 美元。此巨大的數字，幾使人不能置信。但我們試就過去各項記錄加以分析，當知數字之不謬。

根據保險的慣例以及安全評議會規定，給予受害者的醫藥費或撫卹賠償，此合計數字，我們通常呼之爲「直接費用」 (direct cost) ，此乃與其他意外費用，所謂「間接費用」 (indirect cost) 相區別。

按社會安全民政廳 (Social security adminstration) 估計，在典型的一年間，雇主因意外事故所支付工人的撫恤賠償爲535,000,000美元。又按國家安全評議會估計，藥品一項的消費， 則爲130,000,000美元。故意外直接費用，合計爲665,000,000美元。若以典型的一年意外時間損失數量1,950,000除之，得商爲340美元。此340美元乃爲每一件意外直接費用的平均值。

我們再詳細分析雇主方面的間接費用，它約爲每一件意外直接費用的四倍，通稱爲「ㄜ四比率」 (1:4 ratio) 。假設該間接費用的比率以1 比 5 倍計算，則每一件意外事故予雇主在直接及間接費用上的損失，合計爲340×5＝1,700美元。

此外，保險賠償的固定費用（overhead cost）爲 250,000,000 美元，故每一件意外事故平均分攤爲 128美元，則工業每一件意外之損失爲1,700＋128÷1,800美元。

工業事故間接費——4:1 比率

工業意外在總經費開支中，賠償及醫藥的直接費用雖甚顯著，但其他的間接費用，則不甚明顯。Helnrich氏曾就這項間接費用項目詳細加以分析。

間接費與直接費，通常採用之比率爲1與4之比，卽間接費4美元與直接費1美元之比。

通常費用的項目，可以詳細分別如次：

(1)撫卹賠償；

(2)醫藥費；

(3)傷害者的時間損失（lost time of injured employee）；

(4)共同工作者的時間損失；

(5)領班、工場主任以及其他行政人員之時間損失：

　　a 與傷害者共同工作的人；

　　b 研究意外產生的原由；

　　c 計劃恢復原定工作；

　　d 選擇或訓練新進工人；

　　e 參加傷害討論事項。

(6)因工廠紊亂而產生的損失；

(7)因傷害者的不能上工而停機（idle machines）的損失；

(8)機械設備、工具、材料及其他財產損失；

(9)新進人員對於工作因未熟練所造成原料浪費與損失；

(10)在新人未熟練或受傷者未返工前的工作效率損失；

(11)業務上的損失 (lost bonuses, payment of forfeets for non-delivery, etc.)

(12)法律費用 (court fees, expense of preparation of case, settlement, judgements, etc.)

據Helnrich氏所列項目，其所指間接和直接費為 4:1，且此數字乃根據 on-the-job 生產費用細目，並按實際經驗加以分析而匡訂的。

此外也有使用5:1，或6:1之比例者，但此乃視工業性質或種類不同而異。例如火力發電廠、造紙廠以及鋼鐵廠等，其機械設備若一旦遭遇意外，它所產生的損失，較之其他工業遠為嚴重。至如鋸木廠、汽車修理廠或金屬加工廠等，發生意外時，只有在材料方面的損害較重而已。

費用分析的例示

下列為意外費用分析四項的典型例子，其中醫藥乃包括急救處理在內。

例1. 機械廠與鑄造工場，在一年中意外的時損為 11，急救（first-aid）為 203 其意外發生乃屬典型的一種，因熔液溢出燒傷2人。

Compensation Paid（卹償） $203.00

Medical expense（醫藥費）   134.00

         Total direct cost（直接費用統計） $337.00

Lost-time detail:（時損細目）

Injured employees (first-time cases) 〔受傷工人（時損類）〕 $34.68

Injured employees (first-aid cases) 〔受傷工人（急救類）〕 156.80

Fellow workmen (共同工作者)   102.00

Supervisory (judgement estimate) (監督)   80.00

Labor charge (clean-up of ladle spill on overtime)

    (工資，加班清理溢出物)   64.00

production loss: (生產損失)

   Down time (休止)   92.50

Lessened production rate (生產速率降低)   65.00

Material spoilage (物料損失)   36.00

Machine and equipment damage (機器設備損害)   343.00

Overhead and administrative (records, executive time,

   other administrative) estimated at (估計固定及管理損失)

   (記錄執行時間及其他管理損失)   350.00

Total indirect cost (間接費用統計) $1,323.98

Ratio—3.9 to 1. (比率)

　例2. 鋸木廠，在一年中意外時損爲7，急救 210，該廠起火原因，由於一罐快乾漆（　　　）開始燃燒，工人3名被燒重傷，2名因傷蒙受嚴重的時間損失。又另一災害係因領班疏忽，將桌鋸後退，過度拉緊，致機械破損。

Compensation paid (邺償) $98.00

Medical expense (醫藥費)   145.00

        Total direct cost (直接費用總計) $243.00

Time Losses: (時損)

Lost-time cases (時損類) $23.00

First-aid cases (急救類)   94.50

Other (estimated) (其他)   50.00

Fire damage (火災損失)   948.00

Material spoilage (物質損失)   11.00

Production loss (生產損失)   325.00

Total indirect cost (間接費用統計) $1,451.50

Ratio—6 to 1. (比率)

例3. 營造廠，約 700,000 工時，意外的時損爲 31，其中19人入院就醫，急救處置費用包括在醫藥費內。意外原因爲起重機塌倒，將支鍵鋼索拉斷，鋼索打到車上擊傷司機之腿部及背部。

Compensation paid (卹償) $ 323.00

Medical expense (醫藥費)   330.00

Total direct cost (直接費用總計) $ 653.00

Unearned wages (time loss)：「工資損失 (時損)」

Injured workmen (受傷工人) $ 124.00

All others (其他)   314.00

To derrick collapse：(由於起重機之損毀)

Derrick repairs (起重機修理費) $ 714.00

Truck repairs (車輛修理費)   627.00

Material spoilage (物料損失)   607.00

Labor clean-up and reduilding shed (清理與重建工棚工資) 345.00

Of the remaining accident occurrences, 17 involved damage

  to equipment or material totaling (其他意外事件十七件包

  括設備及物料之損毀)   940.00

Total indirect expense (間接費用統計) $ 3,671.00

Ratio — 5.6 to 1. (比率)

例4. 化工廠，半年期中意外的時損爲27，急救爲 398。該廠由於兩件意外事故：其一爲浸漬槽破裂，酸液流到重要部分的地板面積上；其二爲熱瓦斯乾燥爐爆炸。

Compensation paid (卹償) $ 243.40

Medical expense (醫藥費)   477.00

Total direct cost（直接費用統計）　$ 720.40

Fire damage（火災）　$ 6,600.00

Rebuilding oven and control equipment（重建乾燥爐與

管制設備）　724.00

Explosion damage to building（建築物爆炸毀損）　542.00

Spoilage（fire and explosion）【毀損（火災與爆炸）】　588.00

Lost time（時損）　173.00

Equipment damage（other than above）【設備毀損（上列以外）】197.00

Spoilage（other than above）【毀損（上列以外）】　268.00

$ 9,052.00

Add for unitemized costs（其他）　239.00

Total indirect cost（間接費用統計）$9,291.00

Ratio—12.9—1.（比率）

假定乾燥爐炸裂更大，則費用比例可能增加至4.3:1。

上例所示因工作人員所造成的時損，其主要乃爲物料的損失而後再波及工人的傷害。

至因意外致死（fatal）或局部殘廢（permanent-partial）者，在上列所舉例示中，均未包括在內。因爲此等傷害數值甚微，倘若把這項死亡或永久殘廢之數值，加入上例的費用中，將會產生一項所謂誤導比率（misleading ratio）。按美國意外傷害數值表（American accident table）所示，在2,000,000傷害事件中，指示其每 100,000時損傷害之殘廢比率（ratio of disabilities）如次：

Item	Number	%
死亡	762	0.76
殘廢	62	0.06
局部殘廢 (permanent partial-major schedule)	964	0.96
局部殘廢 (permanent partial-minor schedule)	2,824	2.82
暫時性傷害	95,388	95.38
	100,000	

如果我們按照上列的基數，把它加入間接和直接費用上，其影響及於比率的變動數值，實在非常輕微。故一般均予以從略。

如欲精密的計算，不僅須將致命的傷害以及永久殘廢等比例列入其中，即其他的輕傷和特別的鉅大的間接費用亦須一並加入。

(a)例如有一水管工人，在一座運轉中的內燃機上安裝水管，不慎將板手誤落在內燃機的十字頭和汽筒之間，因而燬壞了機器。該工場因機器的損壞及被迫停工的損失計10,400美元。

(b)例如有二輛電池運送車在一架電梯前相撞。其中一輛撞了電梯的鐵絲網門，落入電梯的甬道，落地後又正巧撞破四桶酒精而發生火災。司機跳出車輛，扭斷了足踝。保險賠償損失——35,000美元；無保險賠償的工場停工損失——27,000美元；無保險賠償的物料及設備——1,950美元。

從上列例示的經實分析中，得知間接費的損失計算，事實上殊難獲致正確的數字。其主要的原因約有下列數端：

(a)一般的會計制度，原為工場的製造工程種別或物料的種別之參考而設，而非專為計量上述的意外而設者。而上述意外事件的費用，往往影響生產的工程與成本。

(b)只有極少數具有規模的企業與工廠，才能設立適當的會計制度。

(c)一般小規範工廠，既少安全的管制，亦無意外經費（accident-cost）的意識。

根據上述的三項理由，我們對於意外事件的費用可以下一個結論，即對此等經費，不容易獲致一項界限上的數據，因此，間接和直接費（賠償＋醫藥費）4:1 的比率，雖非精密，但尚足供我們在計算上參考。

受害者的費用

工場中發生災害，此在受傷工人的本身，也是一個極大的損失。受害者其在金錢方面雖無雇主方面所受損失之大，但其身體卻失了一部求生的能力，此在影響一生的幸福生活而言，殊非雇主所受損失所可比擬。

此等受害者，如在工作中受傷，保險公司固須賠償撫卹及醫藥費；若在工作時間以外時受傷，則不僅工人得不到賠償，而且自己還要負擔醫藥費，和減小了收入。

根據美國安全評議會的估計，1940年因工業意外，工人在薪給上所蒙受的損失為490,000,000美元，扣除當年所付賠償257,000,000美元外，受害者的損失約為233,000,000美元。換言之，即保險公司賠償的總額若與工人的薪給損失相稱較，其數字實甚輕微，僅為薪給之半數而已。

工業事故對於社會方面，同時也是一項嚴重的負擔。雇主對受害者，雖予賠償一部損失，但受害者的家屬，往往是需要社會團體或醫院協會予以救濟或協助，否則受害者的一生，幾乎是無法維持以至終生。

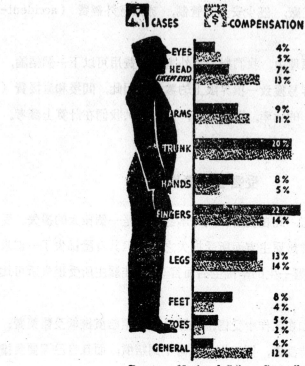

DISTRIBUTION BY PART OF BODY INJURED

CASES   COMPENSATION

	CASES	COMPENSATION
EYES	4%	5%
HEAD (EXCEPT EYES)	7%	13%
ARMS	9%	11%
TRUNK	20%	
HANDS	8%	5%
FINGERS	22%	14%
LEGS	13%	14%
FEET	8%	4%
TOES	5%	2%
GENERAL	4%	12%

Courtesy National Safety Council

圖2-3-1 美國保險制度對身體傷害賠償的金額分配

4. 傷害頻率及嚴重率

傷害頻率

大凡意外，在事故發生以前，幾乎是無法想像和預測的。如若測知工廠中推行安全成果的効績如何，可按下列三項比率作爲安全度高低之比較。

1.工廠中的傷害頻率(injury frequency rate)。

2.工廠中的傷害嚴重率 (injury severity rate)。

3.以傷害頻率和嚴重率比較類似性質的工廠及其改進情形。

傷害頻率的計算如次：假定有A、B兩廠，同年A廠有10人受傷，B廠有 20 人受傷， 試問兩廠何者的傷害記錄爲高？但若設A廠爲100人， B廠爲 200人，按此情形，則每百人中的傷害率相等，兩者之間，則無法較量。

又若設A廠每星期工作40小時，B廠工作44小時。如是A廠的人數雖少， 但B廠較A廠工作的時間爲長， 故在記錄上B廠將又較A廠爲佳。故欲求一眞實比較起見，美國標準局 (American Standard Method of Compiling Injury Rate (Z.16)) 乃規定「每 1,000,000 工時 (man-days) 中產生若干次傷害次數」，作爲傷害率的計算標準。此卽爲「頻率」(frequency rate)，簡稱 "frequency"。

$$F = \frac{發生傷害次數 \times 1000,000}{工\quad時}$$

設A廠在去年 200,000工時中，曾發生10次傷害，則頻率可以計算如次：

$$F = \frac{10 \times 1,000,000}{200,000} = 50$$

上列的例示，乃表示A廠過去一年中，在每百萬工時中，因發生傷害而蒙受的時損傷害(lost-time injury)的頻率為 50。

嚴 重 率

嚴重性 (severity of injury)係以每日每 1,000 工時計量其發生事故，試測它到底嚴重至何種程度。此數字或稱傷害嚴重率。

$$S = \frac{時損(每日) \times 1,000}{工\quad時}$$

設上述的A廠；因發生10件意外傷害，而損失了 200 天的工作日，其嚴重性可以表示如次：

$$S = \frac{200 \times 1,000}{200,000} = 1$$

意卽A廠去歲在每1,000工時中，因意外的時損為1天。如每人每年工作2,000小時，則每人每年平均的時損為2天。

傷害率的數值，主為表示每一個工廠中的每一部份的事故經驗，或對於安全的推行，其效績是否有進步。且此數值，又得以每一個星期、每一個月、每一年、或為每一個週期 (period)，使用同樣的公式來計算。

茲再舉一例以說明之。設有工廠工人 80 人，平均工作每星期 40 小時。在6個月中有四人受傷而損失130工作天，其傷害頻率及傷害嚴重率可以計算如次：

$$F = \frac{4次傷害 \times 1,000,000}{80工人 \times 40小時工作 \times 26星期} = 48.+.$$

$$S = \frac{103日損失 \times 1,000}{80工人 \times 40小時工作 \times 26星期} = 1.2.$$

又設有廠A共有工人115名，平均每星期工作40小時。9個月內有3名工人發生傷害意外事故。廠B共有工人132名，平均每星期工作37小時。10個月內有3名工人發生傷害意外。試問兩者之傷害頻率若干？

$$A廠頻率 = \frac{3 \times 1,000,000}{115 \times 40 \times 39} = 16.2$$

$$B廠頻率 = \frac{3 \times 1,000,000}{132 \times 37 \times 43.3} = 14.2$$

即廠B傷害頻率較廠A爲佳。

至如上述的傷害率及嚴重率，前者計算使用1,000,000 工時，而後者則使用1,000 工時，何以兩者不使用同一工時單位，其理由乃爲使用不同基數的單位時，兩者的比率數值將位於1與99 之間，否則一個的數值可能高出3～4的指數，而另一個便會小於1。

傷害時間損失的評價

表2-4-1 爲美國標準對於傷害時間損失(scale of time charge)的評價。譬如工人因傷害而失去一只手指，或鋸掉一腿或失明等，此等傷害均需規定一項標準，作爲賠償上的參考。

但死亡一欄中的評價爲 6,000天，此數字絕非決定性的數字，僅根據保險公司的統計，對一般的工人賠償以二十年的損失費用厘定而已。至如永久殘廢，亦往往與死亡相等，仍以6,000天計算。

表2-4-1(a) 身體傷害評估

(The American Standard Scale)

身　　體　　損　　害 (Body Part Impaired)	相等時間損失 (Days charged for defined loss)
(1)臂:	
手肘以上任何一處, 包括臂部⋯⋯⋯⋯⋯⋯⋯⋯	4,500
手腕關節以上任何一處, 或爲手肘以下⋯⋯⋯⋯	3,600
(2)手:	
手腕關節以下, 及援近手指關節以上⋯⋯⋯⋯⋯	3,000
(3)拇指:	
關節以下 (toward tip) 及 distal joint以上⋯⋯⋯	600
distal joint 以下⋯⋯⋯⋯⋯⋯⋯⋯⋯⋯⋯⋯⋯	300
(4)手指 (不包括拇指):	
中節以上, 包括關節 (proximal joint) ⋯⋯⋯⋯⋯	300
以上, 不包括中節(middle joint)⋯	150
以下, 或指骨損傷⋯⋯⋯⋯⋯⋯	75
指尖⋯⋯⋯⋯⋯⋯⋯⋯⋯⋯⋯⋯⋯⋯⋯⋯⋯⋯	－
(5)在同一手上, 二指以上受害:	
兩指⋯⋯⋯⋯⋯⋯⋯⋯⋯⋯⋯⋯⋯⋯⋯⋯⋯⋯	750
三指⋯⋯⋯⋯⋯⋯⋯⋯⋯⋯⋯⋯⋯⋯⋯⋯⋯⋯	1,200
四指⋯⋯⋯⋯⋯⋯⋯⋯⋯⋯⋯⋯⋯⋯⋯⋯⋯⋯	1,800
拇指及手指一⋯⋯⋯⋯⋯⋯⋯⋯⋯⋯⋯⋯⋯⋯	1,200
拇指及手指二⋯⋯⋯⋯⋯⋯⋯⋯⋯⋯⋯⋯⋯⋯	1,500
拇指及手指三⋯⋯⋯⋯⋯⋯⋯⋯⋯⋯⋯⋯⋯⋯	2,000
拇指及手指四⋯⋯⋯⋯⋯⋯⋯⋯⋯⋯⋯⋯⋯⋯	2,400
(6)脚:	
膝蓋以上⋯⋯⋯⋯⋯⋯⋯⋯⋯⋯⋯⋯⋯⋯⋯⋯	4,500
踝與小腿間⋯⋯⋯⋯⋯⋯⋯⋯⋯⋯⋯⋯⋯⋯⋯	3,000
(7)足:	
踝以上及足趾關節⋯⋯⋯⋯⋯⋯⋯⋯⋯⋯⋯⋯	2,400
大趾,　　　　　以上及包括關節⋯⋯⋯⋯⋯	300
大趾　　　　　以下⋯⋯⋯⋯⋯⋯⋯⋯⋯⋯⋯	150
兩大趾⋯⋯⋯⋯⋯⋯⋯⋯⋯⋯⋯⋯⋯⋯⋯⋯⋯	600
(8)趾:	
內部受傷⋯⋯⋯⋯⋯⋯⋯⋯⋯⋯⋯⋯⋯⋯⋯⋯	150
小部受傷⋯⋯⋯⋯⋯⋯⋯⋯⋯⋯⋯⋯⋯⋯⋯⋯	75

表2-4-1 (b)　身體傷害評價

身　　體　　損　　害 （Body injuries）	相等時間損失
(1)眼： 　一眼失明	1,800
(2)耳： 　一聾	600
兩耳皆聾	3,000
永久殘廢、死亡	
(1)永久殘廢（Permanent total disapility）	6,000
(2)死亡	6,000

意外事故的比較

　　每一個安全工程師，必須明瞭傷害率在工業安全中的重要性，且須具備各項安全工作知的識與計劃。正因爲安全一事，其防範方法由於各人手段的巧妙不同，而絕非死板不變或拘束於一定的公式。

　　「幸運」也是意外率中的一項重要因素。例如廠A中自樓上掉下一把鄉頭，正好把樓下一個工人擊斃，而在廠B中，雖曾發生同樣的事故，卻僥倖落在地上，而人員得倖免於難。在此一步之差的情形下，廠A在嚴重率中增加了 6,000的時損，而廠B則被逃過了大難。因此比較兩廠的記錄時，嚴重率中包括着「運氣」的因素，較之傷害頻率爲大。

　　關於傷害的特性，我們雖尚無法厘訂一個有決定性的形式，但在良好管理的工廠中，往往可以把傷害頻率降低至10或5以下。

　　在旣往安全工作的經驗中，工業中頻率最高者當推煉鋼與水泥，伐林則次之。但經安全管制以後，此類工業竟從最高的記錄而降至5.7,7.

2及42.8。

美國安全評議會(NSC)和國家勞工局 (United Department of Labor's Bureau; BLS) 對於各種工業，每年均發表其頻率數字。可是兩者間的數字，永遠不會相同；原因為NSC的數字並不包括全國工業的平均 (National average)，而 BLS 會員較多，因而數字亦較為準確。

表2-4-2為美國1949～1950年各種工業傷害率及嚴重率的統計。

表2-4-2　美國1949～50年各種工業傷害率統計

工業類別 Industry	N. S. C. Rates			B. L. S. Rates		
	Number of Units	Freq.	Sev.	Number of Units	Freq.	Sev.
航空工業	17	4.25	0.40	103	5.8	1.0
航　空	13	12.97	0.38	**	**	**
汽車工業	228	6.35	0.57	433	7.9	0.8
洋　灰	139	5.18	2.21	**	8.0	*
化學工業	545	5.72	0.60	2,025	8.9	1.3
瓷　業	120	22.33	2.33	1,303	26.5	3.8
通　訊	59	2.14	0.15	530	2.3	0.2
營　造	449	19.48	2.15	4,443	39.8	3.9
電　器	190	4.83	0.38	1,054	6.5	0.7
電力應用	238	14.02	2.37	376	13.7	2.6
食品工業	571	16.05	0.90	3,598	19.4	1.3
鑄　造	174	13.87	1.48	1,271	26.8	2.1
瓦　斯	425	17.92	0.99	213	22.1	1.5
玻璃工業	58	7.98	0.46	252	12.9	0.8
林　場	110	47.72	4.67	1,595	51.5	8.0

機　　械	326	10.79	0.78	3,558	13.7	1.2
海　　運	51	24.45	2.09	58	66.7	13.4
煤　　礦	233	41.48	6.84	**	59.0	**
金　屬　礦	92	7.43	0.63	1,321	10.9	1.0
石　　油	239	10.54	1.03	**	9.5	**
印　　刷	54	6.77	0.23	2,714	8.2	0.4
製紙工業	419	11.62	1.03	1,379	16.0	1.4
石　　礦	273	17.43	4.02	**	37.0	**
鐵　　路	32	8.35	1.62	95	13.4	1.5
橡膠工業	83	5.10	0.51	280	9.7	1.3
公　　務	36	6.37	0.30	5,843	6.7	0.4
造　　船	42	8.86	1.28	248	26.7	3.4
煉　　鋼	142	4.96	1.49	256	7.2	1.8
紡　　織	244	7.88	0.57	4,572	9.4	0.7
煙　　草	41	5.97	0.23	176	7.5	0.3
貿　　易	440	8.69	0.38	8,930	12.9	0.6
鋸　木　廠	104	23.25	1.32	2,197	26.5	2.3

5. 工作環境

傷害事故的因素

大凡傷害的發生，可以分為兩大因素 (accident factors)，即「人的因素」及「機器的因素」兩種。前者屬於一個人的生理、心理上的缺憾，遭遇和經驗，職業的性質及運氣等；後者則為機器本身的設計不良或欠缺安全設備，致使工人從事其中，幾乎無法避免而淪於陷害。

釀成意外的因素，既如許複雜，故唯一具有可靠性的防禦方法，就是如何把釀成事故的原因，在未發生以前先予以消除。

但在此等原因之中，尚有不少是事前無法察覺的。有些由於一個微小的原因，居然產生慘烈的結果；反之，由於原因的性質及其程度，表面看來似乎不能避免，可是往往卻能僥倖地不致引起災禍。

因此，安全工程師為着某項目標，對於研究一項安全，自應着重其起因的研討，而無需考慮其結果的輕重。

關於意外事故的分類和分析， American Recommended Practice 規定一項數據，將產生意外因素分為六大類：

a. 致傷物 (the agency)；

b. 致傷部分 (the agency part)；

c. 欠缺安全的機械或物理的情況；

d. 受傷狀況 (acciend type)；

　　e.欠缺安全的動作；

　　f.欠缺安全性情的人的因素。

　　「致傷物」是指一種事物或物質（substance）而最容易或接近傷害的發生。工業傷害的普通遭遇如下列所示：

　　1.機械、車牀、鋸、緩衝器、軋壓機、鑽孔器等；

　　2.原動機及泵、蒸汽機、泵、壓縮機、吹風及送風機等；

　　3.昇降機（貨運或客運；電動、蒸汽、水力及手動）等；

　　4.起重設備（動臂起重機、挖泥機）等；

　　5.輸送帶（皮帶、扣鏈齒及鐵鏈）等；

　　6.（鍋爐及附屬機件鍋爐、凝水器、過熱器、高壓管系）等；

　　7.搬運器（電動機、獸力、鐵路、水運及空運）等；

　　8.獸類及爬蟲（野獸、昆蟲、毒蛇及魚類）；

　　9.機械力的傳動設備（主軸、軸承、滑輪）等；

　　10.電設備（電動機、發電機及其附屬器具）；

　　11.手工具（斧、剖裂具、鑿、銼刀及鎚）等；

　　12.化學性質（爆炸、蒸汽、蒸發、腐蝕、中毒）等；

　　13.熱焰（快乾漆、軟片、蒸汽）等；

　　14.塵埃（有機物的無機的）；

　　15.放射性物質（鐳及X光）等；

　　16.工作平面（地板、路面、走廊）等；

　　17.各種器具（罐、桶、箱、梯、窗）等。

　　「**致傷部分**」——致傷機件為機件動作力中而能產生傷害的特別部份。例如最普通的鑽孔機械，它的動作力部份包括抱器、鑽頭、樞軸、革帶及齒輪等。

　　「**欠缺安全的機械或生理上的原因**」——此或稱為環境原因（environmented cause)，種類有下列數項：

　　1.缺憾作用 (defective agencies)（滑尖銳及粗糙等）。

　　2.危險的處理（欠缺安全的貯藏或過負載等）。

　　3.貧弱的照明（燈光暗淡或欠缺光亮）。

　　4.不適當的通風（通風不足，瓦斯或塵埃）。

　　5.欠缺安全的衣着（鞋、手套、領帶、戒指）等。

「**受傷狀況**」──受傷形式爲人員受傷的各種情況，略可分爲十二項：

　　1.傾倒（平面）。

　　2.傾倒（高低的平面）。

　　3.滑倒（例如從樓梯滑落）。

　　4.墜落、陷落。

　　5.夾住。

　　6.刺穿。

　　7.浸溺。

　　8.灼傷、熨傷。

　　9.電擊。

　　10.吸收、塞入、吞嚥。

　　11.中毒。

　　12.其他形式。

「**欠安全的動作**」──屬於普通行爲上的一種妨害。

　　1.擅自運轉。

　　2.超速運轉。

　　3.安全設備失靈。

　　4.使用欠缺安全的器具。

5.過負載、擱置及混合等。

6.在轉動機件上工作。

7.濫用、揶揄、吃驚等。

「**欠缺安全性情的人的因素**」此因素又稱「行為原因」(behavioristic cause)；它是由於性情或因生理與心理上的缺憾而造成的一種特別行為。根據統計，得知許多受傷的起因中，其中 18% 由於機械的因素，19%由於人的因素，63%則由於機械與人的混合關係。

1.不正確的姿勢（不注意、神經過敏及興奮性）(excitability)等。

2.技巧和知識的不足（盲目操作）。

3.生理的缺憾（疲勞、心臟衰弱、昏醉、興奮、疝氣、耳聾）等。

（參閱附錄：美國各種工業傷害統計）。

6. 意外原因的分析

意外原因分析

不論工場發生一項意外是否有人受傷，安全工程師對於此等意外，必須在各方面予以調查、記錄和分析，藉以預防第二次意外的再度發生。

意外原因的分析 (analyzing cause of accidents)，有若醫生對病人的診斷，分析病者各種症候，或為發掘死者的墳墓檢查其過去的歷史者相同。分析以後，再綜合各方論據，證實各種可能性，始診斷其病源。

意外診斷的步驟，約有下列數端：

1. 確定領班的意外報告。

2. 確定受害者的報告。

3. 確定證人的報告。

4. 確定醫師及護士的報告。

5. 研究意外的產生原因，及其過程與結果。

6. 記錄全部的論據。

7. 綜合各項論證及意外事故作一統計表格。

8. 研究各項的數據。

9. 決定善後的步驟。

10.指派人員使其負起實際的責任和安全工作。

意外環境的記錄

當意外發生時，安全工程師須將實際的情形詳細記錄作成報告，以為政府備案或供保險公司的參考，下列各項問題的填充卽此目的。

A. 受傷者 (who was injured)

姓名	言語
工號	子女幾人（十八歲以下）
住址	自立的子女幾人
性別	週薪
年齡	職業
已婚否	服務年限
籍貫	現職

B. 意外發生的地點及時間 (time and place of injury)

日期	廠名
時間	工作部門

C. 證人 (witnesses)

證人姓名	證人現職
年齡	

D. 意外的嚴重性 (nature and severity of injury)

意外及病狀名稱	身體被害部位
醫師姓名	機能損失的百分數
醫師住址	時損
受傷	死亡

停止工作　　　　　　　　死亡日期

時損　　　　　　　　　　時損

恢復工作　　　　　　　　賠償及撫恤金

實際工作日的損失　　　　醫藥費

時損 (time lost)　　　　其他費用

永久殘廢

E. 傷害物 (agency of injury)

機械、泵、原動機

升降機、起重機

傳動輸送設備

鍋爐及其附件

運送設備

電設備

工具

化學藥品

其他物料

工作面

F. 工人的工作及其情形 (what worker was doing)

G. 意外形式 (type of accident)

人的跌倒——在平面上

人的跌倒——在高低不同的平面上

溜滑

墜落

挾住

刺穿

浸溺

灼傷

電擊

吸入、吞嚥

中毒

其他

H. 欠缺安全的動作 (unsafe act)

擅自運轉

超速運轉

保安設備失靈

使用雙手替代工具或工具不良

過負載、放置地位錯誤

在轉動部份上工作，或在欠缺安全的位置上工作未穿着安全衣着

或用具

I. 行爲原因 (behavioristic cause)

未依照成規或正當方法工作

設備的構造未經詳密設計

管理欠佳

照明、通風不適當

J. 領班說明 (foreman's explanation)

K. 領班的意見 (foreman's recommendation)

L. 受害者的說明 (injured worker's explanation)

M. 受害者意見 (injured worker's recommendations)

表格項目

我們根據「工作分析」及「工作環境」的記錄則不難發現意外的發生原因何在。安全工程師既得結論，則可決定日後機構設備的選擇，改善物料處理方法及人員訓練等計劃。

下列為工作分析表的重要項目：

1.籍貫
2.言語
3.職業
4.服務部份
5.領班姓名
6.服務年限
7.工作的持續時間
8.傷害物
9.傷害形式
10.環境原因
11.欠缺安全的動作
12.行為原因
13.傷害費用
14.時損

7. 意外事故預防原理

意外原因的管制

大部的意外事故，根據專家的研究，雖認爲十分之八九，均可以事前防止或予以消弭。但意外發生的起因及其遭遇，往往並不簡單，基於此項觀點，我們應盡先劃出一個意外事故底防範原理的一個輪廓，才能推究其管制的方法。

又如交通安全上的"3E"，乃指交通安全的工程(engineering)，教育 (education) 與嚴厲執行 (enforcement) 的制度。此在工業安全上亦同一理，如能預先規定一項合理的管制原理，則工業意外，同樣地亦可消除。

意外管制 (controlling the causes of accident) 略可分爲下列四端:

1.發現意外原因。

2.工作環境意外起因的管制。

3.行爲上的意外起因的管制。

4.補助活動 (supplementry activitics)

(1)〔**發現意外原因**〕：對本質上的發現如次：

1.意外的預測。

2.存在的危險，隨時均可產生意外。

因此:

1.須縝密研究各項的意外事故。

2.記錄各項有關意外並繪成表格。

3.記錄及表格的意外分析。

4.各廠財產及設備的調查。

5.工作人員行為的測定。

上述的事項，不僅平時即須執行，即在意外發生以後，更須加緊推進。工業安全乃依時代的演變而變遷，研究的事項幾無止境。故若稍有鬆弛，前功便會盡廢，一切工作，等於從頭做起。

(2)〔**工作環境的管制**〕：關於工作環境傷害原因（參閱附錄表9）有十三項管制方法如次:

1.檢查計劃、藍圖、購料單和合約。

2.包括原設計的防禦物（guarding），單據和合約。

3.意外的防禦物的規定。

4.定期保養。

5.物資的來源須可靠。

6.計劃、材料缺憾檢查。

7.缺憾的改正。

8.規定安全的程序及方法。

9.規定適宜的佈置和設備，藉以確立良好的工場管理。

10.改良照明及天然採光設備。

11.改良通風設備。

12.規定工作人員的安全衣着及保護用具。

13.列舉每一項安全衣着用具的使用法。

關於環境所產生的傷害，最顯著者有(a)由於機器及設備所產生的傷害，　及(b)由於工程程序所產生的意外等兩種。環境原因（意外）的管制，是預防意外的發生的基本因素。故凡我們執行安全，若要改善工人的習慣，毋寧先將環境管理得更切實，乃最為重要。例如樓板上開有一個大洞，如果有人從洞中落下，他將可能致死。在此情形下，萬一發生意外，我們絕不可以推諉為工人的冒失所致。故此在事前，應以最簡單的方法，在洞口設危險標識的紅燈或加強照明。這種方法既經濟又簡單，較之在洞口設立妨礙工作的欄杆或敎工人小心，其效果為更大。

如不顧環境的改進，而只敎工人小心，這種想法是絕對錯誤的，充足的照明與防護物的設置，為安全中最能獲致安全效果的唯一辦法。

(3)〔**行為原因的管制**〕：環境原因，（參閱附錄表10），可以應用下列七項活動加以控制：

1.工作分析。

2.工作訓練。

3.管理及監督。

4.遵循戒律。

5.工人技能的訓練。

6.體格及行為檢查。

7.工人的固定工作位置。

一般說來，為欲控制一個「行為的原因」，較之控制一個「環境原因」更為困難。人類的行為不像環境而具有一種物象。由於行為有關遺傳、情緒、營養和習慣的幾種複雜因素，因而使他隨時隨地而變化無常。為欲控制這種人類的心理，實非一件易事。譬如直至科學昌明的今天，如欲消除工人對於自身健康的畏念，除用保險和撫恤的方法外，實別無他途。人類行為處理困難，在此當可想見。

"spic" and "span" (courtesy General Electric Co.)
圖2-7-1　良好工廠管理的象徵

(4)補助活動: 補助活動略有下列十端:

1.規程。

2.標語。

3.宣傳小冊。

4.電影教育。

5.幻燈照片。

6.競賽。

7.檢討會。

8.委員會。

9.建議制度 (suggestion system)。

10.通訊、雜誌。

此類活動，雖爲上列四項中最次要的一項。但若施行其中的一部辦法，最低限度也可以提高工人對安全的興趣和警覺。

安全的職責

上述爲闡述「如何去做」與「爲甚麼」的一個問題，本節乃爲闡明安全應該「誰人負責」。

按附錄表9及表10所示，每一項工作可以分由下列的人員負擔：

1.工場主任（場長）。

2.生產主任 (production manager)

3.總工程師 (chief engineering)

4.採購部。

5.醫生。

6.人事人員。

7.保養人員。

8.單位領班。

9.安全指導 (safety director)

上述九項人員，依普通工廠的組織，雖列爲安全負責人員，但實際上，工廠中其他人員，即從總經理以至最下層的工作如苦力，在最終的傷害分析，亦可列爲應負一部安全責任的一員。同時每一個工人，除對自身的安全外，對其共同工作者的危險動作，亦須隨時予以警惕和指導。

但我們有時竟藉這個觀點往往又將安全之事流於「互相推諉」（everybody's job is nobody's job）。事實上，安全的一事，無法指定一人或由誰人負其全責。因爲在一所工廠之中，除全體人員上上下下，通力合作而外，是無法達到理想境界的。

安全指導

每一項既經確立的事業，不論其規模大小，編制上均可設置安全指導一人，以爲專司安全實施之事。在小規模企業中，此類安全指導，多不聘用專業人員，而由其中的工程成員兼任；至如大規模工廠，因工程或種類繁雜，則非設置專人不可。

在一個公司之中，安全指導多由主管部門任命，賦予該員一部份權力，俾使得以順利推行安全事宜及提出有力的建議。在其個人雖無法保證工場不發生災害，但對於整個工場則須儘其最大的努力。尤其對於「工作環境」的管制，須予絕對的滿足。

至若管理工人，除領班而外，將無較其更爲合適和有效。工人的管理，有若醫生的診治病人，即無人較其更富經驗者。

因此我們常常會發生一種疑問：「然則安全指導的責任如何？」「何種人員最能勝任？」此等問題實難作一滿意的答復。但下列數種人員，仍需負擔經常安全的責任：

1. 統計員：—傷害記錄和分析。
2. 研究員：—協助研究傷害及類似的問題。
3. 宣傳員：—宣傳安全事項，俾使人人皆有安全的一種觀念和願意互相合作。
4. 計劃者：—督導各項安全問題進度，與安全成果的考核。
5. 安全工程師：—維持最新的技術。

領班在安全上的責任

工場中傷害的防止，如欲收到預期的效果，莫若得到領班的支持。因爲領班是最接近工人的人，而又最了解工人心理與個人的習慣，故領班若在工場中積極推行安全制度，則不幸事件自然會減少許多。

領班是介於工人與雇主間的直接工作的執行人員，故凡領班，其責任乃爲指導 (issuing)，解釋 (interpreting) 與推行工作 (enforcing order)，藉以完成管理上預定的方針與既定的目標。

無疑地，領班不僅必須具有特殊的技能與領導才能，卽在平時，亦須能夠贏得工人的信賴和尊敬。

同時領班對自己的領導地位與工人間，須有管制和改善下屬不良的動作或工作環境等。每日須巡視工場環境三四次，並隨時糾正工人不良的習慣。卽不時須檢視樓梯，工具或機械是否處理不當，而立刻予以矯正。

一般說來，領班必須明瞭其自身在工場中的地位與職責的重要性，卽其一舉一動，將如何影響整個企業的安全。圖2-7-2至2-7-5爲安全的宣傳海報。

=MECHANICAL HANDLING OF MATERIALS=

=MANUAL HANDLING OF MATERIALS=

圖2-7-2　安全海報

=FIRE HAZARDS=

="WORST" AID=

圖2-7-3 安全海報

圖2-7-4 安全海報

圖2-7-5 安全海報

8. 傷害分類

傷害理論

關於傷害的因素，若按「何時發生」與「何故發生」而加以討論時，將會永遠討論不完。

我們根據過去許多的經驗與研究，發現傷害的產生，其因素約可分為三大類，通稱為傷害的三大原理 (three thoeries of injury)。卽每一類傷害的產生，皆具有附帶的主因 (adherents)。

(1)機遇 (chance distribution)：根據這一類的理論，將是個人運氣的一種好壞，而屬於一種純粹的機遇 (pure chance)。

例如在某鋼鐵廠中，有一工人在修理起重機以後，遺忘一把巨大的板手在滑軌上，當起重機運轉時，板手自高處落下，剛好擊中下面一人頭上，因受到重傷死亡。

此乃屬於純粹機遇的一例，如死者站前一步或後退一步，也許會倖免亦未可知。

(2)傾向 (biased distribution)：其理論乃指一人在一度受傷或遭遇驚險以後，而變為一個特殊傾向的人，卽以後對工作每每更容易發生意外；反之，或因深刻的經驗而能避免災患的重演。

前者對傷害的敏感，大抵由於神經質或懼怕而起，後者多屬身體健康或精神正常，因而能事先警戒。

例如有一清掃玻璃的工人，一次從梯上掉下而撞傷了頭部，以後則永遠不敢爬高而改行他業，此乃屬於神經質的一例。另一例則為一學習飛行的學員，因一次不良着陸經驗而改善了另一次的着陸方法。此乃屬於正常心理。

(3)天賦的不均等傾向（unequal　liability）：此理論乃指某種人較之其他常人特別容易發生意外，在心理學上稱為意外癖（accident prone）。此類病型，可能同時屬於心理的和生理兩方面，純為一種先天的缺陷。

例如有一新手工人，對於同一的工作，其他新手均未受傷，但該工人翌日則切去一根手指。

另一例係有一馬達轉子捲線工，他常常急於要把工作提前趕完，藉以利用剩餘時間辦理其他設備的保養工作。無疑地他對於工作是熱心的，可是由於過於匆忽，竟在工場觸電兩次。

此類操之過急的「熱心」脾氣，無法使其獲得充份的安全。因而將其改調至機械工場服務。不久，又發生傷害，軋孔機壓去了他的一根食指。

後經心理和生理上的分析與檢查，發現他對於距離的視力甚弱，而且筋肉發達並不健全，反應極為遲鈍。因而決定他唯一的工作是適於管理材料。繼經多年的治療，遂變成一個非常良好的零件管理人材與極善記憶的人。

關於上述的(1)機遇，此在發生意外的本人而言，確屬一種運氣，但亦有不少由於工作大意而起。(2)傾向，有人能面臨危急而從容不迫，但另有人稍遇意外則驚慌失措，這是不難從適當的訓練或經驗得以改變。至若(3)項具有意外癖的人，在未正式開始工作以前，最好能施行心理或生理的分析與檢查，而後決定其工作。

85%～15% 的失誤率

大凡一般意外的起因，可以分爲⑴危險情況(unsafe condition)，⑵危險動作 (unsafe acts)， ⑶無法避免的意外 (unpreventable) 三種。

H. W. Heinrich 就保險公司所記錄 12,000 件的意外，以及各廠家記錄的63,000件意外加以分析，得知一般意外的發生原因，由於「危險的機械的情況」而產生的意外者佔10%，由於「行爲的欠缺安全」而引起意外者佔88%，「無法避免的危險」僅佔 2 %而已。

此與我們過去沿用的失誤率（fallacy rate）即環境情況 85% 及動作15%相比較，實相差無幾。

此 85%—15%失誤率，目前已公認爲工人賠償法令 (Workmen's Compensation Acts) 與保險公司賠償的根據。且此亦爲現今法律應有的一項重要決定。

意外癖及意外責

在研究意外事故的原因，對於工人的傷害起因，有意外癖 (accident proneness) 及意外責 (accident liability) 二種。

意外癖即如前節所述，乃指某種人會使其本身容易發生事故，意外責則不祇關係個人的因責，而是關於釀成意外頻率一切的原因。

此等「發生事故特別多」的工人，係從上述85%—15%的失誤比率中發現而來。最初發現之時，對於此類意外癖的人，已有加以診斷之可能，結果將此感受性特強的人，只將其調離他處或另派工作，則不難避免傷害，或影響其共同工作者。

自是項意外癖的發現以後，一時引起不少人的注意與研究（Vernon, Farmer, Newbold, Vileles等人），各種意外事故的發生，固有其若干複雜的關係存在，但另一方面於神經的不穩與運動性的聯繫不強，則無疑問。而且這類型的人，似特別兼具工業效率薄弱的若干象徵。所幸者，他們一經測驗，都可以在事前預防，故此意外癖的測驗，實爲就業選擇的一項重要決定。

傷害例示

下列爲一所典型的雇有420人的板金工廠，在一年來傷害分佈狀況及其統計的例示。

其中有19次的殘廢傷害，399次普通受傷，傷害頻率爲 22·5，嚴重率爲0·95，受傷及未受傷的比率爲1:12。

傷害的分佈如次：

　　2人——每人11件

　　2人——每人 9 件

　　1人——1 人 8 件

　　4人——每人 5 件

　　7人——每人 4 件

　19人——每人 3 件

　16人——每人 2 件

233人——每人 1 件

$$136人——0件$$

$$420人\quad 418件$$

因工作種類的不同，在420人中的傷害種別，計19件殘廢＋399件普通傷害＝418件。分佈如次：

物料處理	14人——66件	或每人4件
養護工作	24人——76件	或每人3件
倉貯工具	16人——18件	或每人1件
生產部門	366人——258件	或每人0.7件
	420人　418件	

因傷殘廢包括下列各種傷害：

　　3件——板金切傷。

　　5件——軋孔機軋傷。

　　3件——墜落。

　　3件——受傷後引起其他病症。

　　2件——機械挾着。

　　2件——失明。

　　1件——鐵鎚壓斷手指。

上列數據表示「機會分佈的原理」與「意外癖」的情況。我們自各項數字中，尚可察出材料處理和搬運方法最不合理。人員的保護設備也欠缺，例如保護手套（hand protector），護目眼鏡（goggles）及安全鞋（safety shoes）。工場管理不良，平時似欠訓練。至若具有意外癖的人，其受傷事情，自當別論。

但勿論如何，一所工場如在適當的安全組織與有效的指導下，一般頻率不難減低至25％。

至於意外癖則係屬於另一問題。爲了探討意外癖的種種事實，對於每個安全的階段如意外癖的工作（accident prone job）、環境、工程程序、工具及機械設備等，均須委由心理專家分析，才能獲致正確的結果。

實行的準備

實施安全管制的事先準備，約有下列數端：

(a)關於工作或動作，儘可能使其安全。工作分析乃為最先的一項步驟。

(b)安全指導者須按工作分析的結果與資料，作為機械佈置與設計的根據。

(c)安全工作的方法，務使工人澈底明瞭。

(d)一個完整的工作標準，乃包括生理的、智力的和特性的幾項要素，必要時須應用人體保護設備。

(e)工人須熟稔其工作上的關連知識。

(f)工人在工作前，須受工作程序的訓練。

如能切實施行上列的程序，則許多重複發生的傷害，自能逐步予以消除。

工場安全的效率，需要不時加以督促，卽使傷害頻率甚低，但仍須繼續改善，才能奏效。

9. 安全工作分析

工作分析

　　工作分析是生產管制中一項基本工作之一，它包括每一項工作的條件、安全、工具、方法、操作程序以及工作環境。上列各項，必需先經一度分析而後方能尋求其減少意外的方法。

　　同時工作分析，還需顧及成功的因素，如計劃、管理、訓練及不斷的管制 (continuous control)。大凡企業的生產，不僅注重效率與經濟，同時也須維護安全，才算是成功。

　　一個安全工程師對於工作分析的知識，實無需包括全盤的生產技術和製造的每一項細微步驟，但他必須具有普遍的一般學識，熟識工程的加工程序和意外的預防及其最有效的方法。

　　工作分析不僅限於大量生產的重複方式的工作，卽對單程的工作 (nonrepelitive work) 如保養修理及臨時性的生產 (short-order production) 等，仍爲同樣的重要。根據過去的經驗，發生意外者，仍以此類短期臨時性的工作爲多。

　　工作分析必須將工作細分爲若干節而外加以觀察。表示細節是從一件工作的開端始，卽包括工作票 (job tickets)，藍圖 (blueprints) 以及特殊工具 (special tools)，甚至於一門特殊的技巧亦在分析之列。

工人的選擇

工具的選擇，係由人事門部根據生產部門的需求，挑選一個工作上適當的人選。例如年齡、性別、健康狀態、教育程度、生理狀態、專長、身高及體重等。

譬如壓穿機的工作，它是無法由體重 100磅而身高僅5呎的女性擔任，它是必需由一身高5呎6吋的男性才能勝任的。因此，苟若任用過於屠弱的人，不僅易感疲勞而減低工作效率，而且意外亦易發生。

生產部門分析一項工作以後，則可轉送人事部門招雇人員，其所需各種條件，可試舉下列一列說明之。

〔壓穿機操作工人1名，A級〕

(1)須具備下列任何一項經驗者：—

　a. 水壓機操作。

　b. Weidemann 壓孔機操作。

　c. 截斷操作 (shearman) 。

(2)行業條件：—

　　能看藍圖，具有壓穿機的安裝及操作能力，並能裝設印模等工作。

　　教育……普通初中程度或以上的學歷。

(3)體格條件：

　a. 體重　　　　　　　　　140磅

　b. 身高　　　　　　　　　5'-6"以上

　c. 年齡　　　　　　　　　21歲

　d. 健康狀況

e. 標準工作

f. 反複工作

(4)薪級……計件

工作指導

工作指導對於一個新進工廠的人極爲重要。指導的方法，乃先將工作分爲若干單位階段，由一指導員或領班加以指點與訓練。但有不少指導人員，往往顧及在工作上的成敗，而忽視了新進工人「爲甚麼」對於工作做得不適宜。

表8爲訓練新人的工作明細單的一例。

工作明細單 (job breakdown sheet) 專爲幫助指導員在訓練上有如上述的弱點。故若能善於利用此種工作明細單，將不難使一個新人執行他的工作，會做得更好，更快與更安全。表2-9-1 爲旋螺絲工作示範之一例。

或有新手按着本表的指示，雖會感到程序似乎過於微細而複雜，但實地操作起來，則甚爲單純。只有少部的技巧和熟練，是有賴於時日的訓練與經驗，至若危急的對策，領班必須另加說明，使澈底明瞭障碍之由來與裝置的用法。

表2-9-1 工作明細單之一例(1)

JOB BREAKDOWN SHEET FOR TRAINING MAN ON NEW JOB	
Part Shaft	Operation In-feed Grind or Centerless Grinding
Important Steps in the Operation	Keypoints-knacks-hazards, feel, timing, special information
1. Place piece on plate against regulating wheel	"Knack"—don't catch on wheel
2. Lower lever—feed	Hold at end of stroke (count 1-2-3-4) slow feed—where might taper-watch-no oval grinding
3. Raise lever release	
4. Gauge pieces periodically	More often an approach tolerance
5. Readjust regulating wheel as required.	Watch—no backlash
6. Repeat above until finished	
7. Check	

表2-9-2　工作明細單之一例(2)

JOB BREAKDOWN SHEET FOR TRAINING MAN ON NEW JOB

Part　　　　Door Hinge	Operation (Drive Wood Screw) (Yankee screw driver)
Important Steps in the Operation	**"Key Points"**—knacks, hazards, "feel," timing, special information
1. Set screw driver at R, "fixed" position	
2. Center bit in screw head	
3. Start screw	Steady screw with fingers, Enough pressure to start. Hold vertically—don't let bit jump out of screw head
4. Set screw driver at R, ratchet position	Slips injure work fingers
5. Center bit in screw head	
6. Drive screw	Hold bit squarely in screw. Operate vertically. Keep pressure on screw
7. Finish drive	Drive at "closed" position. Extra pressure—even—vertical. Don't let bit jump out. Set driver at "fixed" position if necessary. Solid tight finish—don't split screw

經常與非經常工作的區別

根據 R. P. Blake 氏將經常生產工作 (routine job) 及非經常工作 (nonroutine job) 分別如次：

大凡經常工作包括正常生產的工作，而臨時性者 (nonrepetivitive work) 則否，同時其所屬的操作如起重 (lifting) 與工具使用 (using tools) 等，必須經過安全的訓練。

因此在計劃一項訓練，「典型的生產工作」與「典型的保修操作」，在課程上則有顯著的不同。

計劃一項「生產工作」，必須顧及安全的條件，主要各點略有下列數端：

1.座位高度須依照工作的需要，高矮適宜。

2.傳動設備以及機件轉動所及的範圍，設法加以**掩蔽**。

3.燈光須無陰影。

4.操作地位足夠工作人員的活動。

5.能致使機件或人員墜落之處，均加以改良。

6.飛射微粒的預防。

7.手工具傷害的防護。

8.爆裂物的掩蔽。

9.灼傷、觸電的防護。

10.禁止使用明火。

保養修理或其他臨時性的工作的安全策劃事項，略有下列數端：

1.依工作的不同，使用適當的工具。

2.工具的安放位置必須合理。

3.保持工具在良好的排列狀態。

4.須俟機械的轉動完全停止，方可着手修理。

5.不論在梯上或高處工作，必須注意位置的平衡。

6.起重容量必須確實。

7.隨時注意一人的傷害是否會連帶傷及他人。

8.遇有傷害，不論輕重，須即報告及記錄。

對新進工人工作的觀察

工作分析的注意事項如次：

1.工作計劃。

2.(a)將工作劃分爲若干主要步驟。

  (b)從各項主要步驟中，再選出要訣及其技巧，詳細敍明其特殊的
    動作和方法。

3.工具、要備及材料的選用。

4.工作環境及其適當的工作位置。

上列各項既準備完畢，即可開始新人的訓練。最初應說明工程的要
點，同時試測其對工作是否完全明瞭，或感興趣。說明的方法有下列數
項：

1.講 (telling)，示 (showing)，解 (illustrating) 與問 (que-
stioning)，四者同時並進，俾對方對每一步驟均能明瞭其要點
的何在。

2.對於安全的地方，語氣須加重。

3.工作須具備詳細及完整的說明書 (instructions)，每次講授的
事項不宜過長或太多，應以對方容易記憶爲度。

4.設法尋求他對工作到底知道多少，指導人可以試行質問，使對方

解答原由，最後使其單獨執行工作，指導人在旁詳細觀察，遇有錯誤，隨時矯正，直至其能善予應付並達到效率和安全爲止。

上述乃爲TWI (Training Within Industry) 的教學原理，且亦爲美國在二次大戰時所施行之最新教育法，可以應用於任何種類的工作，藉以縮短新人的學習時間。

工作安全分析

工作安全分析爲測驗工廠效率與安全的一種參考。此種分析；一般可從工人的動作及其在工作上的每一循環 (cycle)， 或從環境加以觀察與研究。

例如化學工業的工場，可能使用各種儀器以爲測定工場中空氣的污染、 瓦斯壓力與臭味， 藉以檢查有毒瓦斯或刺激性藥品的洩漏以維安全。

又如有一壓印縐紋的衝牀，其操作須用右手將鐵片送入印模，而用左手板動制輪機。但操作者往往因欲加速工作起見，常用左手取出壓縐的鐵片， 同時用右手取原料送進印模。 這種動作， 可能因制輪機的失靈，致使衝模落下而將手指壓斷。

但經工作安全分析以後，印模鐵片的送給，兩者均改爲縮壓空氣投出器 (ejector)， 即將壓縐鐵片取出，同時將原料鐵片送入印模，而壓縐的鐵片，則自動經過一道斜槽 (chute) 滑落在一木箱內。

改良的各點如次：

1.印模改爲密封式。

2.兩手無需在危險帶中工作。

3.手動板機改爲脚動。

4.操作可以單純化、加快而安全。

10. 工場檢查

工場檢查

工場傷害的發生有如前節所述，由於欠缺安全情況，安全習慣以及其他原因而引起。下列為R. P. Blake氏所擬訂工場檢查單(check list)的一例，

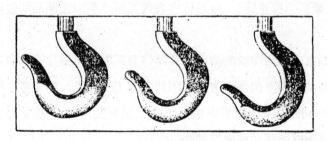

圖2-10-1　吊鉤因過負載開始變形

(1)工場管理（house keeping）。

(2)物料處理方法。

(3)適當的工作空間。

(4)輸送機的安全設備。

(5)保養。

(6)手工具。

(7)樓梯，移動手梯等。

圖2-10-2　繩夾使用法上: 正, 中、下: 誤

(8)手推車、電池車。

(9)地板、滑軌。

(10)起重機、輕便鐵道。

(11)採光、照明。

(12)電力設備、拉線電燈。

(13)電梯。

(14)眼睛保護設備。

(15)身體保護設備。

(16)塵埃、瓦斯、蒸汽及薰煙。

(17)化學藥品。

(18)壓力容器。

(19)其他具有危險性的物料。

(20)滑潤方法 (oiling method) 。

(21)鍊條、鋼索。

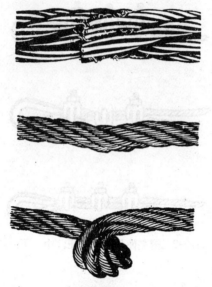

圖2-10-3　鋼索紐結隨時有發生斷索危險

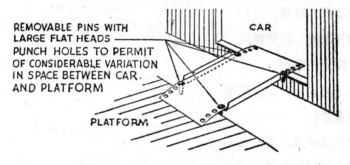

REMOVABLE PINS WITH
LARGE FLAT HEADS
PUNCH HOLES TO PERMIT
OF CONSIDERABLE VARIATION
IN SPACE BETWEEN CAR
AND PLATFORM

CAR

PLATFORM

圖2-10-4　車卡與月臺間的安全渡板

(22)架空設備的路徑。

(23)工廠出入口。

(24)空場及房頂。

　　上列二十四項為工場檢查的總目，在檢查以前，儘可能在每項總目下再分列細目，以便逐項施行檢查。例如在(1)項的工場管理的總目中，又可分爲十三項細目如次：

    a.　踏腳場所是否鬆弛不穩。

    b.　架空設備是否足夠堅固。

    c.　堆疊的情況。

    d.　碎片及鐵屑的處理。

    e.　滑油、油脂、水是否有溢漏。

    f.　工具管理。

    g.　工場通路界線的劃定。

    h.　窗戶是否清潔。

    i.　油漆。

    j.　一般清潔。

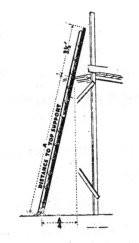

圖2-10-5　樓梯架設的安全角度

    k.　整齊。

    l.　防火設備。

　　上列檢查細目既定，　卽可開始初期的工場訪問。　檢查準備事項如次：

  (1)　訪問目的陳明。

  (2)　意外記錄的調查（傷害頻率，意外費用，意外發生原因等）。

  (3)　擬定檢查計劃：

    a.　安全工程師及協助人員的遴選。

    b.　工廠洽辦人員。

    c.　檢查行程。

    d.　檢查方式。例如『一般檢查』抑爲『專門檢查』、「機械設備」、『製造工程』或『操作檢查』等。

    e.　檢查需要時間。

  (4)　檢查後舉行會議或領班座談會。

⑸檢查報告。

工作人員的檢查

每一個工作人員，依個性的不同，即對於某一項工作，均有其一種特殊的適合性。此種個性，尤其對透平機及電氣設備的操作，最為重要。

安全工程師尚須注意工作人員，例如對小型鑽牀的工人，是否有下列弊端：

1.鑽臺是否設置 stop bar，維護工作人員的安全。

2.操作者的髮式是否太長，有無被機械轉動部份扭住之慮。

3.鑽頭的用途是否合適（鑽頭只適於鋼板鑽孔，而不用於鑽黃銅或紫銅）。

4.擴孔速度是否得宜。

5.Jig 的定著是否穩固。

6.鑽孔是否有震動。

7.切屑阻器（chip breaker）是否有效果。

8.操作者是否戴戒子、領帶、襯衣沒有鈕扣、衣袖太長或戴手套等。

9.危急時電鈕是否確實能將機械迅速停止。

10.操作者的位置是否舒適。

11.鑽臺的高度是否適合。

12.操作者取料的距離是否太遠。

13.操作者是否用手抑用鋼刷處理牀上的鐵屑。

14.地面有無油污。

15.操作者有否戴防護眼鏡。

16.照明的光度是否合度。

表2-10-1爲每月工場安全檢查表的一例。

表2-10-1 每月安全檢查領班備忘錄

MONTHLY SAFETY INSPECTION FOREMAN MEMORANDA
Date············19·····

Our objective is—*To "see" and "correct" before the Accident occurs—by an inspection of YOUR department by YOU.*

You are expected to spend at least one hour each month, and return your report by the fifteenth, to Mr. ·····························

The following items are suggested for consideration. Look over the list before you start as a reminder. *There are many not listed.*

HOUSEKEEPING: AISLES ·········PILING ········· FLOORS ········

    RACKS······RUBBISH······

ALL TOOLS:CONDITION·············USE············· KIND ············

    METHODS······GUARDS······

PERSONAL PROTECTION: GOGGLES ········ RESPIRATORS

    ······GLOVES······CLOTHING······

MISCELLANEOUS: LADDERS ····· SLINGS ········ TRUCKS

    ···········LIFTING AND HANDLING ········ EYEBOLTS

    ··········· FIRE HAZARDS ············· DUST AND FUMES

    ···········HEALTH ··········· RECENT ACCIDENTS ···········

    YOUR DEPT. PROBLEMS ·····················INDIVIDUAL

    HAZARDS···············

REPORT:

 The following items were noted and disposed of as indicated. Orders were marked "Safety."

1.

Signed:·····················Department······ Building ·······················
Inspection made (Date) ················· 19···Time(hours)·················
    (Use added sheets as necessary)

11. 意外的研究與報告

研究方法

釀成意外的因素，大都非常複雜而難於預測。因此為欲調查一件事故，其報告記錄必須忠實，切不可使用『不謹慎』的辭句。此不謹慎一詞，其意乃專指一人譴責，因每一項意外的發生，追溯來源，不僅屬於工人，即領班及管理人員仍負有其一部責任。

大凡意外報告，在未找出原因以前，是無法臆測其正確理由的。意外原因乃包括工場管理的四項重要因素，即人的選擇、訓練、指導與觀察。

研究一項事物，應從「如何」、「何故」、「何時」、「何處」、「何人」等問題開始入手，如是對於探討原因是具有莫大幫助的。

即在調查一項事件以前，在我們腦際，必須認清『某人受傷，何日受害，何時在做何種工作，他在那一處地點，何人為其共同工作者，他本人如何敍述其受傷情形，醫生對其病況有何指示』等，此種資料均為最重要的線索。

報告表格

意外傷害的報告表格款式繁多，主要的設計事項，無非使領班容易填寫。表報的項目，為記載事故的起因與結果，以及當時的環境狀況。

下列所示為三項典型的表報 2-11-1至2-11-3 ，即『員工傷害報告表』，『傷害報告』及『傷害覆查表』。

安全工程師須另自備記錄專册，作為經常記錄摘要及意外報告以外的事項或醫療情況等。 關於此種調查或意見交換， 通常多採用通訊方

表2-11-1　員工傷害報告表之一例

REPORT OF ACCIDENT TO AN EMPLOYEE

INJURED EMPLOYEE: Name .... Number ..... Dept. .....
Address ....
Nationality .... Age ...... Married or Single? .....
Number of children under 18 years .... Number of dependent
adults .... Occupation when injured .... Was this his/her
regular occupation? ...... If not, state regular occupation ....
How long in department? .... Piece or Day Work? ....
Day rate ....

ACCIDENT: Date .... Hour .... Place where accident
occurred ....
Full description of how accident happened. Also name, part, and shop
number of machine or tool appliance concerned in accident ....
....
Was part of machine causing accident properly guarded at time of ac-
cident? .... Hand or mechanical feed? .... Give description
of guards ....
Was employee following Safety Rules? .... Was accident due to
lack of ordinary care by injured person? ....If so, how? .....
....
Was accident due to negligence of any person other than the injured?
.... If so, who and how? ....
How can recurrence of such accident be prevented? ....
....

INJURY: Full description of injury and part of person injured ....
....
Did injured resume work after receiving medical attention, or was he/she
sent home? ....
If sent home, what time did he/she ring out? .... Is employee
back to work? ...... Name and addresses of witnesses to the accident
....

Name of foreman   Name of immediate
in charge of work   supervisor

Where possible, give further description of accident and its cause on
the back of this report, illustrating, if possible, by sketch, drawing, or
photograph.
Report made out by........ whose position in the Company is ....
Date report made out .... Signed ....

式，或附插圖照片，以佐說明。

　　意外的最後檢討，略可綜合如下列：

　1.依照記錄逐項加以分析。

　2.該受害工人對於該意外的工作是否適當。

　3.不宜將意外事件推諉為工人的過失。

　4.計量其他部門是否會發生同樣的事件。

　5.儘量避免辯白，澈底尋求原因。

　6.儘可能避免將過失置於獄囚，因意外的發生，與管理不週亦有關
　　係。

　7.良好的工場管理和工作環境，乃為預防意外的基本條件。

表2-11-2　傷害報告之一例

表2-11-3　傷害覆查表之一例

REVIEW OF EMPLOYEE ACCIDENT

Name _____ Pay No. _____ Bldg. _____

Age _____ Service with Co. _____ Occupation _____ Date of injury _____

Nature of injury _____

Cause of injury _____

Probable length of disability _____

ANALYSIS OF CAUSE

INSTRUCTION	UNSAFE PRACTICE	POOR HOUSEKEEPING	IMPROPER PLANNING
( ) None	( ) Taking chances	( ) Improperly piled	( ) Layout of operation
( ) Not enforced	( ) Short cuts	( ) Congestion	( ) Layout of machine
( ) Incomplete	( ) Haste	( ) Material lying about	( ) Unsafe processes
( ) Erroneous		( ) Bad containers	( ) Lack of equipment
	PHYSICALLY UNFIT		( ) Lack of data or rules
INABILITY OF EMPLOYEE	( ) Defective	DEFECTIVE EQUIPMENT	
( ) Inexperienced	( ) Fatigued	( ) Misc. material & equip't.	MENTALLY UNFIT
( ) Unskilled	( ) Weak	( ) Tools	( ) Sluggish - fatigued
( ) Ignorant	( ) Sick	( ) Machines	( ) Violent temper
( ) Poor judgement		( ) Lack of maintenance	( ) Excitability
	IMPROPER WORKING	( ) Poorly made	( ) Sick
LACK OF CONCENTRATION	CONDITIONS	( ) Not apparent	( ) Home trouble
( ) Attention distracted	( ) Ventilation		
( ) Inattention	( ) Sanitation	UNSAFE BLDG CONDITIONS	IMPROPER DRESS
( ) Thoughtlessness	( ) Light	( ) Fire protection	( ) No goggles, gloves,
	( ) Temperature	( ) Exits	masks
POOR DISCIPLINE		( ) Floors	( ) Unsuitable -
( ) Disobedience of rules	PHYSICAL HAZARDS	( ) Openings	long sleeves
( ) Interference of others	( ) Ineffectively guarded	( ) Miscellaneous	( ) High heels -
( ) Fooling	( ) Unguarded		defective shoes
( ) Disregarded	( ) Guards removed		( ) Failure to wear
instructions	( ) Guards tampered with		safety shore

( ) Give cause if not covered by any of the above: _____

RESPONSIBILITY: Employee _____ Supervision _____ Divided, E and S _____ Not placed _____

Reason for placing responsibility as above _____

_____

What action by supervision might have prevented accident? _____

_____

_____

What action will be taken to prevent recurrence? _____

_____

_____

Date _____ Made out by _____ Signed by _____

Foreman   Supt.

SEND 1 COPY TO WORKS MANAGER AND 1 COPY TO SAFETY DEPT

12. 手工具

手工具傷害

工廠傷害之中，由於手工具致傷之數字亦至鉅。歷年統計中因手工具發生的傷害，約占各種傷害中的7％。

手工具傷害的嚴重率雖低，但因使用方法不當，隨時所生的危險，較之其設備所生的危險機會爲多。

手工具發生傷害的原因，約有下列三項：

(a)使用不完善的工具；

(b)工具的誤用；

(c)使用方法不當。

其實一般工具的使用，較之機械設備的使用簡單得多，如由領班予以先行指導，卽可見效。卽工具的使用，其最重要乃使工人注意安全的方法，並隨時由領班矯正其惡習。

圖2-12-1 油石後部稍稍墊高，使略向前傾斜。

圖2-12-2 使用螺絲刀須將器物置於工作桌，以防螺絲刀一旦的溜滑。

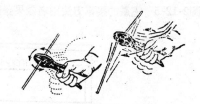

圖2-12-3 使用螺絲刀的正確姿勢，以左手食指固定螺絲刀位置，右手向下用力轉旋。

圖2-12-4 截剪鐵線鉗的方位與鐵線應成90°角並非將鐵線向左右兩面扭動，尤其小心線端在切斷時的彈起。

傷害預防方法如次：

(a)工具室管理——工具應有合理的保管與養護，方能獲致安全與經濟的效果。一般小型工廠雖未設工具的專門部份，但仍須經常維持工具在良好的養護狀態。

(b)工具的檢查——安全工程師及安全委員會須隨時注意工具的管理方法及使用方法是否正當。

(c)一部工人或有使用其自備工具者，亦應接受工具檢查之列。安全工程師尚須協助工人選購良好的工具。

(d)訓練——工廠對新進工人，應予適當的訓練及教育例如放映教育影片（ABC of Tools）或印發小冊。

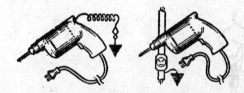

圖2-12-5 電鑽的接電方法兩者效果雖同，但右方使用三路插頭，當更便捷。

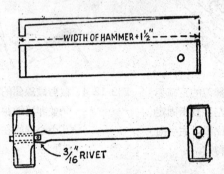

圖2-12-6 鎯頭頂部裝入楔子兩片後，再用3/16″帽釘旋緊，以防楔片飛出。

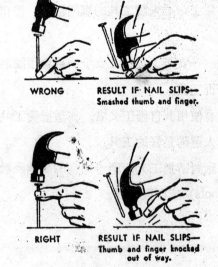

WRONG
RESULT IF NAIL SLIPS— Smashed thumb and finger.

RIGHT
RESULT IF NAIL SLIPS— Thumb and finger knocked out of way.

圖2-12-7 使用鎯頭的正確方法

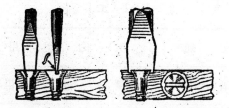

圖2-12-8　使用錯誤尺寸的起子（螺絲刀），能使螺絲和木板損壞。

圖2-12-9　縱截木板應採60°角

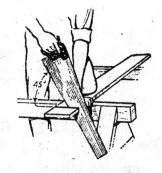

圖2-12-10　橫截木板應採45°角

表2-12-1　工具誤用

普 通 工 具 的 誤 用			
工具名稱	普通損壞	工 作 錯 誤	適當工具，但用法錯誤
鑿 Chisels Punches	柄頭開花 缺口 柄太短	用作螺旋 鉗旋 鬆螺絲	鑿切太深 過份緊握 向着他人面前鑿擊 未戴防護鏡
鑽 Drills Bits	頭部破損 或太鈍	用作擴孔 鑽銅板	使用小鑽頭擴孔 車床抱器未旋緊
銼刀 Files	無柄 銼齒磨耗	撬物件	使用無柄銼刀
鎯頭 Hammers	已有裂痕	使用木工鎯 頭來做金工	柄長度不足 用鎯柄敲擊物件
手鋸 Hand-saws	鋸齒耗損 柄鬆弛	剝削木皮	拉鋸動作太速 鋸片跳動
螺絲刀 （起子） Serew- drivers	刀口太鈍	撬物件 用非絕緣 柄作電工 工作	使用錯誤尺寸的螺絲刀
螺旋鉗 Wrenches	滑牙	使用錯誤 型式或尺寸	應向外推旋 誤向內拉

13. 機器安全設施

早期的機器安全設施

當我們提及工業安全一詞，將會使人聯想到機器上的安全設施。此乃純屬論理學上的一種概念，蓋自古迄今，人類爲欲減輕各種傷害，早期則以機器的安全設施作爲安全討論的基礎。

我們從古代的繪畫中，不難可以看到當時工廠對於機器上的鍊條、革帶及其傳動部份，均無安全的設施。故以當日的簡陋情形而言，殊非近代工業的管理所能坐視。

美國的早期工廠安全，卽在1910年以後．政府始將其列入國家工廠的檢查制度。但在當日，亦僅限於機器上的傳動革帶及齒輪的掩蔽而已。至如今日的安全，則大異從前，卽不特對機器一項，至如人體、工作環境以至於物料處理，也無一不加以各種安全的保護。

圖2-13-1　鍋爐給炭器的安全掩蔽

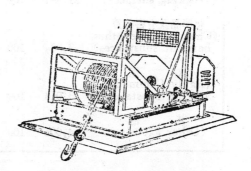

圖2-13-2　車輛起重機的安全掩蔽

表2-13-1 機器傷害的嚴重性

致　傷　物 （Agency）	總次數 Total cases	%	傷　害　種　別 （Kind of disability）					
			死亡或永 久殘廢		局部殘廢		暫時性 傷　害	
			總數	%	總數	%	總數	%
致傷物總計 （All agencies）	117,826	100	0,081	0.9	37,348	31.7	79,397	67.4
機　器 （Machinery）	15,529	100	39	.2	8,635	55.6	6,885	44.2
輸送設備 （Vehicles）	10,769	100	216	2.0	3,093	28.7	7,460	69.3
手　工　具 （Hand tools）	9,702	100	21	.2	3,773	38.9	5,908	60.9
電梯、起重機 （Elevators, hoisting apparatus. etc）	3,503	100	86	2.4	1,737	49.2	1,707	48.4
電設備鍋爐 （Electrical apparatus Boiler and pressure vessels）	145	100	10	6.9	53	36.6	82	56.5
雜　類 （Miscellaneous）	45,448	100	195	.4	12,160	26.8	33,093	72.8
工作場所 （Working surfaces）	21,381	100	246	1.1	5,860	27.4	15,275	71.5
化學品及有害物質 （Chemicals and other harmful substances）	3,984	100	143	3.6	454	11.4	3,387	85.0
火　焰 （Highly flammadle and hot substances）	3,014	100	32	1.1	597	10.8	2,385	79.1
其　他 （Other agencise）	4,005	100	70	1.7	909	22.7	3,026	75.6

機器傷害的嚴重性

機械的傷害嚴重情形，可由下列數項方法測知，即(a)每件傷害的費用 (cost per injury)，(b)每件傷害的工作日損失 (days lost per injury)，(c)因傷致死的百分率及(d)因傷殘廢的百分率等。 表14為機器傷害嚴重性，各種機器所釀成傷亡的輕重，具見明徵。

14. 物料處理

物料的安全處理

工場中的物料處理，所占傷害率亦至大。故每一型式的物料或貨物，必須指明載重量、名稱及性質等。

物料的處理不僅爲現代工業中一門重要項目，且亦爲一門高度技術而特殊的工程。年來關於物料或起重方面，雖出版不少專書，但其內容，尚距處理上應有一般知識的範圍尚遠。因而我們如欲研究各種物料處理的設備 (meterials-handling equipments) 與運用方法，也只能廣汎地觸知其一般安全的原理而已。

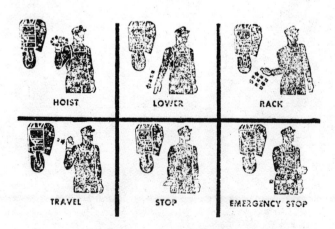

圖2-14-1　標準起重信號

　　過去無人能料想今日新工業對於物料處理的機械，竟能進展如是之速。不論在型式及性能方面，較之其他機器更能不斷地日新月異。因今日的大量生產以及時間的爭取，事實上是無法捨此特殊機械而能獨自生存。

　　物料處理機械的改進與發明，將永無止境。下列所示名稱，爲普通工廠最基本的運送設備的一例。

　　(a)搬送機械:

　　　動力貨車 (power trucks)

　　　曳引車 (tractors)

　　　拖車 (trailers)

　　(b)人力機械:

　　　手車 (hand track)

　　　獨輪手推車 (wheel borrows)

　　　小輪車 (rollers)

　　　滑槽 (skid)

　　(c)堆料機械:

　　　昇降車 (high-lift trucks)

　　　跨車 (straddle trucks)

　　　耙車 (fork trucks)

　　(d)起重機械:

　　　起重機 (cranes)

　　　動臂起重機 (derricks)

　　　卸揚機 (hoists)

　　(e)輸送機械:

　　　電動輸送機 (power conveyors)

重力輸送機 (gravity conveyors)

滑送溝 (chutes)

(f)工作機械:

電動鏟 (shovels)

拖地機 (draglines) 及其他挖土搬土機等。

(g)泵類

安全方法的應用

下列為物料處理上的安全知識:

1.人力起重，應保持背部直立、屈膝、應用腿部的筋肉起重，方不致扭傷腰部。

2.需要兩人以上或多人合力搬動的笨重貨物，必需劃出一人擔任領導。間或應用口笛，由指揮者吹出起立、步行或放下等信號。

3.搬動水管、木材或樓梯等的長條器物，前頭應向上，後部下傾，如是可使前頭一人容易轉角。

4.龐大而笨重的機器，須應用起重機。

5.起落油桶等的圓形器物，在滑板上須用繩索控制滑下的速度，工人人員切勿站立滑板下面。

6.鏟耙 (shovels)、鐵耙、鐵挺 (crowd-bar) 及投鈎 (cant hooks) 等，須保持良好的位置。

7.工作人員須應用手套、皮墊及安全鞋。

8.通路須有充分的濶度。

9.手動起重車 (hand lift trucks) 在各種工業中採用最廣，依用途不同，須選購適當的形式。荷重的重心愈低，操作亦愈安全。

10.車輛應向前推動，而非背車拖行。

圖2-14-2　酸類搬運安全手推車及安全衣著

15. 人體保護

人體保護用具的應用

有關各種安全設備之中，幾經研究、試驗、改良的次度最多者，當推人體保護的用品（personal protective equipments）。此等用具之中，其中又以護目眼鏡及呼吸器官的保護口罩兩項，其標準與技術不僅最為進步，且價格亦最低廉，故在各種工業之中，採用也最廣。

至如售價過於低廉，往往在另一面反會發生弊端。即以口罩為例，此等口罩原為工人作為防塵或防毒之用，但雇主或因價格便宜，故使人人皆用口罩，但在另一方面，而對通風設備竟不予改良，最後反使廠中的空氣更形混濁。

圖2-15-1　電焊的安全衣著

　　我們在此必須強調，即各種人體的保護用品，實爲工人保健「最後的一道防線」，而非僅僅藉此用具，則可達到解決性命的安全。如果只以節省少數的經費，而將重要的通風設備置之不顧，則日久可能招致更大的損失。

　　因而我們必須認淸，爲欲減少災害，絕不能僅賴此類保護用品而捨棄徹底性的方法，以致日久反爲得不償失。

用品種類

　　人體保護用品，略可分爲下列五大類:

(a)頭部保護:

　　1.硬帽 (hard hats)

　　2.髮罩 (hair protection)

　　3.防聲器 (ear protector)

(b)顏面及眼保護:

　　1.頭罩 (hoods)

　　2.護目眼鏡 (gogglds)

　　3.面罩 (face shields)

　　4.電焊鋼盔 (welding helmets)

(c)呼吸器官保護:

　　1.氧氣罩 (oxygen breathing apparatus)

　　2.空氣口罩 (supplied air respirators)

　　3.筒罩 (canister and cartridge respirators)

　　4.濾氣罩 (filter respirators)

(d)四肢保護:

1.手套與皮墊 (gloves and hand leathers)

2.安全鞋 (safety shoes)

3.脚蓋 (foot guards)

(e)安全衣 (protective clothing)

硬帽為纖維所織成的硬殼再用塑膠處理，在高溫下壓製而成。特種硬帽內部為襯鋼，至為堅固。

防音器專用於噪音特響的工作。工廠的噪音，素為早期研究的一項問題，但目前仍有不少的機械，在工程上應有的噪音而無法避免。

頭罩專以防衛面部為酸類藥品的濺瀉。護目眼鏡的製造標準甚高，譬如特製的塑膠玻璃的強度，其標準須能耐7/8"徑的一顆鋼珠（重1.56安士）從56"高度掉在玻璃面上而不破裂，方視為合格。下列為護目眼鏡構造的主要材料：

杯形(cup type)眼鏡	
材　料	濾光色鏡
金屬	電焊濾光鏡
塑膠 (theromosetting type)	鈷藍 (cobalt blue)
塑膠	特殊濾光鏡
皮革	
橡膠	
鏡　片	杯　形
平光	深型
色鏡	淺型
硬鏡 (impact-protective)	

此外尚有普通眼鏡式 (spectacle-type) 的護目鏡，其構造的主要

材料與上述者略同，但最特殊的一種，則在鏡旁裝設細眼鋼細網，形狀有若杯形，宜於通風。

安全鞋為防備重物壓下之用。型式有多種，一般強度的標準，以能勝任2,500磅的重壓，或能耐50磅重的鉛球自一尺高處掉下的敲擊。

脚蓋依用途不同而有多種，材料有用熱絕緣體或薄網片製成者。此外尚有一種電絕緣鞋，專用於外線工作可防觸電。各種用品的製造機構及通訊址，可參考本書附錄(2)。

16. 人類行為的測驗

行業心理測驗

最近四十年來，心理學已有長足的進步，尤其對於人性（human nature）方面的知識，進度更見迅速。

工業心理乃專為實驗人類行為上因果間的相互關係（relationship of course and effect），此種測驗，對於工業安全方面的應用，尤屬重要。關於這些人類生存的能力，已有不少的行為，皆可使用儀器計量，由其測定的結果，則不難先予以調派適合的工作，或事先予以控制。

工業生理學上有謂精神的反常（mentalabnormolities）者，譬如懦弱症（feeble-mindedness）和騷亂症（disturbances）等，即其一例。

懦弱症中如白癡（idiots），患有此病的人，他的飲食和穿衣，幾乎全要別人給他照料，這類低級人種，對於工業上完全不能適用。患有癡鈍症(imbeciles)者，則較之白癡病情稍輕，即其言語稍有條理，且能照料自己，雖能勝任簡單之工作，但仍不適工廠的工作。較此稍為高級則為"morous"，俗稱所謂之蠢材，此亦屬於低級人種，他的言語較諸前發音條理清晰，惟對學習能力則甚低。這種人物尚適於非技術性方面的工作，但不宜安插於工場中，蓋機器對於他的行為，隨時可予發生危險。

關於上述一類具有智能妨碍的人，其起因大抵是屬於先天性的缺憶，至於心情騷亂症的人，所謂意外癖，雖具有妨害其自身行爲的一種控制，但並不若懦弱症之係由先天而來，而往往是經過了一場打擊或病後而發生的。

具有這種騷亂症的人，平時不易察覺有任何異狀，但在某種情況下或突然間顯出驚愕，慌慌張張或者精神不安等異常現象。

此種人經心理測定並發現其癥結以後，則可加以注意或受定期的檢查，俾防止其在工場中的意外發生。

較此更屬極端形式者則爲精神錯亂（insanity），這種人物是在法律範圍以外，而其行爲是不負任何責任的。因而這類極端的人，僅與前者之所謂騷亂症僅有一度之差而已，如果病發而無法控制自己的人，他是絕對無法可以雇用。

我們對於這種患有失常的人物，如能澈底明瞭其病因，並加以適當的管制，他是可以成爲極有價值的人而可滿足工廠條件的要求。

心理學在近十數年來，在工業上採用至廣。心理學並不直接應用於工業，而是工業需要一些有關心理學上的知識，因而有「工業心理」（Industrial Psychology）之研究。譬如工作安全，精神特性（mentalt-rait）工作熱心，意向以及行爲特性的鑑定等，均爲工業心理研究之列。

美國目前已有不少大企業的人事部門，利用此種心理測定作爲工人選擇的決定。並依其才能之不同，而予以適當之工作。

心理學的知識對於工人的選擇是具有鉅大價值的。除用儀器測定外，訪問對於心理的調查，也有極大的幫助。

一般工人對於心理的測定，不僅不會害怕，而且大抵都發生興趣。他們對於自己的能力，大都希望知道更多一點。

早在一次大戰期間，美國軍部曾施行 "Alpha" 及 "Beta" 的智力試驗，具有Alpha智力的人，均選送爲技術的訓練。

行業試驗也是從軍部開始的。它是用一種問題考試，由答案分數的多寡，而決定其知識和技巧高低的方法。

同時當年尚有工兵才能的一種測驗。此種試驗，除筆試外，並有各種機構的試驗，例如裝拆門鎖、脚踏車鈴以及鼠挾等。由其裝拆時間的長短，而決定智慧與才能之高低。

測驗器具

近年 U. S. Employment Service 曾創辦了一項所謂「工作測驗」，這個組織主要是爲企業測定工人對行業的選擇，俾作爲每人最適工作的參考。

圖2-16-1所示爲六名能力輪廓（ability profiles）測驗記錄之一例。其中第一號爲六名中經能力測驗最佳記錄者，且可認爲希有才能的人物。這種人適於擔任專門性的工作，並可訓練爲工場領班或技術主任。

第2號能力甚低，不適於技術性方面的工作，我們對於這種人物，不能抱有任何希望。第3號對於一般性的技巧，尚稱熟練，但對手足的合拍，所謂雙重動作 (dual dexterity) 的熟練度則較低。第4號對於使足部運轉尤爲合適，第5號對於檢查的能力甚高，但智慧則甚低，尚適於觀察操作或使用兩手同時動作的工作。第6號對於雙重動作的熟練度以及手足合拍的能力均低，但對於左右均一的熟練度（bilateral dexterity）和智慧平均尚佳。對事物的檢驗能力甚強，甚適於檢查方面的工作。圖2-16-2爲手足合拍測驗之設備。

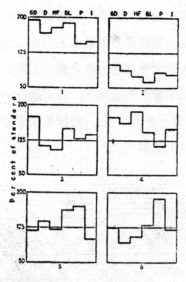

圖2-16-1　能力測驗記錄

　　關於手工技巧的測驗，係使用一項特製的淺盤，在盤中鑲以各種奇形怪狀的塊狀物。木釘以及圓球等。使受試者按說明書之指示而將其組合成原狀。由其組合時間長短計分而決其技巧之高低。

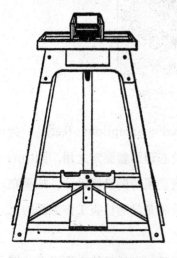

圖2-16-2　手足合拍測驗儀器

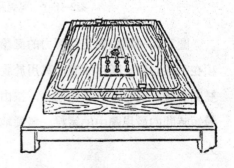

圖2-16-3　機械操作能力測驗器

其次乃爲機械操作能力的測驗，設備如圖2-16-3所示，它的構造是由六個電鈕控制兩面小旗在環形的軌道上滑走，受試者須控制該兩面小旗同時能停留在軌邊的六塊白色方格之處，如兩旗能控制滑走合度，再閉一電鈕方能使中間的電泡不致明亮，否則動作太慢或太快、或開錯電鈕，卽錯過機會，電泡則會明亮。根據受試者控制所耗費時間長短計分，以爲其操作敏度上的參考。

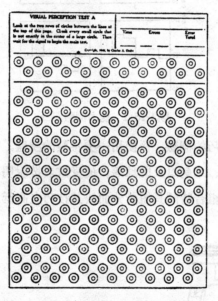

圖2-16-4　視覺及悟解力的測驗

圖2-16-4爲視覺及悟解力的測驗 (visual perceptions test)。此項在工業心理上應用頗廣，專用於視覺及於心理影響測定之用。圖中的雙圓有些是同心，有些是偏心，按由受試者發現時間長短計分。如果在最短時間內發現圖中的錯誤，無疑地，他於將是最適檢查工作方面的工人。

鑑別一個人的工作能力及其安全度的高低，在近代的心理學上，幾乎大部都可由機械的工具方面或儀器予以測驗。在這些測驗工具未發明以前，我們可以追溯過去的世紀中，他們鑑別一個人的性格或行為，是從生理方面相人，例如面形的方圓肥瘦，皮膚的黑白，頭上的腫瘤以至根據他所寫的字跡，是否尖鋒利角或圓潤端莊等。因而產生了所謂什麼骨相學，相面術以及 graphology 等的神奇科學。迨至今日心理學的發展，已使昔日許多觀念完全改觀。

心理學雖然是一門專門的學問，但在今日的工業管理及安全研究中，幾為一項必具的常識。

我們在一個企業雇用一批工作人員，在未派用以前，對於他的工作分類和組織是否適合，實在是一件非常重要的測驗。否則他的能力須在一個月或一年以後方能觀察出來。

故若能在事前發現每一人的性格，這不僅可以減輕工場中的意外，且可以最短的時間，增加工作上的最高的生產效果。

17. 防　火

火災的防禦

根據美國National Board of Fire Underwriters的估計，在一九五一年美國全國的工業，因發生火災蒙受的直接損失，計達 823,500,000 美元。在過去數年間，每年因火警損失生命達10,000至11,000人。而且各處的火災，每年均見有增無已。

由於火災引起的每年人員、房屋以及機械設備的損失，往往不僅是使業主一蹶不振，卽在其他方面所引起間接的損失，幾乎更無法估計。粗略的計算，每年約爲十億美元。

爲了防禦火災和維護安全，美國設有 National Fire Protection Association ，其組織普及全國各地。這些組織，在早期曾經常協助各大企業解決防火上的種種問題，襄助安全工程師策劃工廠的防火和人員的訓練。

工廠火災的起因，以自然發火和材料管理不當爲最普遍。這類火災雖可加以管制，使其減至最低的數字，然而此外尚有人爲的不愼及其他事前無法預測者，可謂防不勝防，勿論使用任何機械的方法作爲防護，幾亦無法絕對消除。譬如National Fire Protection Association出版的「防火手册」。封面雖印爲 "subject incompact" 字樣，但其內容仍有一千五百頁之多，卽防火名目之繁多，於此可以想見。

除此而外，美國尚出版有關防火及其管制法，救火法(fire-fighting method) 等書籍，約有千種以上，可謂讀不勝讀。我們雖然不是一個防火專家，但對於一般防火方法，亦為工廠管理人員必具之常識。下列四項，乃為防火基本概要:

㈠起火的防範 、 易燃物品的安全貯藏、定期檢查 、 製造流程的管制、養護、良好的工廠管理 good-house keeping 、 工場意外的減輕。

㈡初期發火和滅火、發火起因之預測、救火設備 (first-aid fire equipments) 之選擇及其用法、自動洒水系統 (sprinkler systems) 、警報系統 (alarm systems) 、防火隊之組織和訓練。

㈢防止火災蔓延，在工程上的建設，其中包括建築形式、並注意對流現象之產生及門戶內開或外開、防火門、 防火牆 (barriers) 、 密封倉庫及太平梯等。

㈣設立足夠應付萬一的設備，以為保護人員的安全。

每一個管理人員或安全工程師，可以參考上列四項概要，並依其本人環境及其人員組織的大小，而擬定一項詳細的計劃。

火災的起因與防禦

下列幾段簡單的文字，為上千以上工廠所常發生的火災起因及其救治法，均足為我們參考。

⑴起火的防範

起火的防範， 此在安全工程師而言， 應該是需要特別注意的一件事。星星之火可以燎原。因而平日必須不時注意灰燼的如何處理、或時刻矯正工人的疏忽。

每一種易燃物質，雖有其一定之着火點。但因為疏忽往往也會使不易燃燒的物質而燃燒起來。譬如普通木料原在其着火點以下是不易燃燒的，但是它的安放地點如果過於靠近熱氣管，可是日久因高溫而起炭化，卽在低溫下，也能着火燃燒。又如過去舊式厨房、日常燒菜多用木柴，日久則在房頂漸積煤煙，此煤煙在相當的氧量下，仍能再度起火。不少房屋之燃燒，便是由煤煙而起的。

瓦斯由於磨擦的火花，則起爆炸。我們所謂防火，必須注意如何先行防範某種情況下維持着火點以下溫度，最爲重要，譬如進入煉油工廠，不僅需要防止身上携帶洋火或穿着釘底皮鞋，卽近視眼鏡亦不准戴帶，往往由於眼鏡之光焦點，亦足致易燃燒的發火燃燒。

表15爲 "Handbook of Fire Prevention" 一書中，所載起火原因及其次數。其中以吸煙起火者最多，漏電則次之。我們參考其類別，當可採取適當的防火步驟，並分別其性質的輕重。

表 2-17-1　火災原因統計

發　　火　　原　　因	火災次數
吸烟及洋火	96,800
電設備使用不當、漏電	54,500
加熱設備過熱	50,000
磨　　擦	37,000
落　　雷	32,500
烟　　囱	31,000
油爐、油燈、明火照明	24,700
電力用具	21,300
小孩玩火	20,100
火星、火焰	20,000

自然發火	17,000
油料、酒精	16,500
瀝青及其他	13,000
灰爐、煤炭	9,600
爆　炸	9,000
瓦　斯	8,900
接近加熱器的物品燃燒	8,700
電　焊	5,700
放火懷疑事項	5,600
軸承、革帶	5,000
熔爐管系	3,000
雜類起火	52,700
原因不明	50,500
統　　　　　計	593,100

美國1951年火災發生原因及其次數全年計損失832,550,000美元。

(National Firppotectisve Asociation)

(2)洋火和吸煙

差不多四分之一以上的火災，其原因是由於吸煙的煙蒂及使用洋火之不愼而起。世界上有許多愛好吸煙的民族，對於吸煙的起火防範，必須擬定一項有效的宣傳。

安全工程師對於工廠中的吸煙，應特別加以注意，如果工廠中某區旣劃爲「禁止吸煙」，則所有工作人員抑或來賓必須一律嚴守。

煉油以及天然瓦斯等卽其一例，進入此類工廠的人員，身上是不得携帶火種或帶穿帶有靜電衣服的。同時在這些生產易燃的工廠中，安全工程師還須注意一切的電設備如電動機、照明以及電開關等，是否一切

工程都依照 "National Electrical Code"的標準安裝。

⑶工場管理與廢物處理

因廢物 (wastes) 處理失當而發生火災之可能性亦至大。工場管理對於廢物之存貯或堆積，必須注意下列三點：

(A)提防自然發火 (spontaneous combustion)。

(B)減低其燃燒速度。

(C)限制其蔓延。

譬如濾泥因發酵而產生高熱，在某種情況則起燃燒，此乃自然發火之一例。存貯此類廢物之倉庫，必須築建防火牆、防火門或其他防火之建築構造，在可能範圍內，並應安裝自動噴水滅火設備（automatic sprinkler systems）以防其隨時發生燃燒。

其他易燃廢物如染有油污的破布、棉花纖維、拖洗帶、地板油、蔗渣以及清擦混合劑等廢物之堆積，隨時均可起火。且一旦起火以後，則無法熄滅。例如有紙廠貯存大量蔗渣，一經起火，則無法撲滅，竟繼續燃燒達月餘之久，火焰甚至迫使附近鄉民他遷。

小量廢物之存貯，如木屑及麻布屑等，最好放在設有自動蓋之鐵桶內。存貯大量麻袋及棉花之倉庫，最好置於鐵製拱頂倉庫，並設以自動噴水滅火設備。

⑷危險的場所

下列為工廠中最易發生危險的場所，經常必須加以特別的檢查：

(A)鍋爐間

(B)電路及其設備

(C)轉軸與革帶

(D)特殊製造工程

鍋爐間——鍋爐間的構造如果適當，或者管理嚴密，自然是沒有火警的理由；然而往往由於廢物，爐灰等處理失當，以及鍋爐的外部飾物、隔牆及樓板等，過於接近煙道或熱流的管系，則甚易起火燃燒。又如糖廠的蔗渣，往往因過剩而堆積於鍋爐間內，距火門僅有行人道之隔，這也是極易發生火警的危險。雖然十年來鍋爐間未嘗發生過火燒，但此正如家庭中之使用酒精爐，雖然千次使用之中未嘗發生危險，但其中只要一次失手，則所蒙受之傷害，已非使用千次酒精的經濟燃燒料可以補償其損失。

1941年美國陸軍大廈 (St. John, Newbrunswick) 因鍋爐間的失火，損失達800,000 美元。同年五故事大廈 (Lawrence, Massa Chusetts) 也因鍋爐間的失火而損失 275,000 美元。這都是一個極好的例子。

電話與電設備——電起火的原因，不外乎下列數端：

a. 電設備與電線的設計及使用不當。

b. 過負載。

c. 使用不慎。

電設備必須有適當的使用法和安全管制。電線的絕緣不良，開關接觸不良，電路局部接地，過負載發熱以及保險絲容量太大，均為起火的原因。

此外如使用燈泡不當或電焊的火花， 亦易引致其他可燃物質的燃燒。

電動設備的安全絕緣電阻值，普通高壓3,500V以下者為3 Megohms以上，低壓 600V以下者，為1 Megohm以上。設絕緣電阻為R，電壓為V，額定出力為KVA，可以計算如次：

$$R < \frac{V}{(KVA)+1,000}$$

至如援用100V之電燈及電熱合用線路時，設最大使用電流為A，則絕緣電阻應不得低於下式的計算值：

$$R > \frac{4}{A}$$

一旦因電着火，如使用水管搶救活線(live line)帶電的電設備時，其安全距離，根據試驗結果如次：

表16為噴嘴至活線的安全距離，設所用之水為新鮮的純水，噴嘴水壓為80lb/□〞。

轉軸與革帶——轉軸和軸承的發熱，也會釀成工廠的火災。經常對於軸承的溫度或革帶的磨擦情況，試車時須特別加以檢查。

表2-17-2　搶救帶電線路的安全距離

線　間　電　壓 (Line voltage)　(V)	安　全　距　離 (Safety distance)　(ft)	
	1 1/8〞noggle	1 1/2〞noggle
120	1/2	1/2
550	4	4
2,300	11	16
6,600	19	29
11,000	20	34
22,000	25	33
33,000	30	40

因軸承過熱的發火，多由於滑潤油最先起火，然後延至周圍的破布，再而及於牆上的懸掛物或地板，而後引起大火。故凡安全工程師，平時對於軸承不僅須加以注意，卽對於機器周圍的清潔，其可能引致燃燒者，亦須加以不時清理。

表2-17-3　特殊工程的火災防禦

1.噴　　　漆	特殊工場建築，通風及特殊設備。
2.電　　　焊	注意火花波及可燃物質引起燃燒。
3.地　下　槽	獨立建築、溢流管。
4.乾　燥　爐	防火面積、exhaust fan吹火機。
5.乾　　　洗	通風狀況、禁煙、充份的天然採光面積，靜電的防範。
6.塑醪 (Pyroxy linplastics)	"Tole"box (木製)，良好的工場管理，地下貯藏室噴水消火設備。
7.可燃物體及瀝青原料製品	密封貯槽，適當的排氣孔，避電器，使用 inertgas 代替空氣。
8.影　　　片	特殊貯藏間，密封容氣，禁烟，防火設備。
9.賽　璐　珞	發火的防範，分區貯藏。
10.爆　炸　物	參照爆炸物管理規程 (National Fire Protection Association)

表2-17-4　可燃性塵埃種類　(美國農業部)

可燃性塵粉種類	例
1.炭　　　類	煤炭、土煤 (peat)、焦煤、木炭
2.肥　料　類	骨粉 (bone meal)、魚粉、blood flour。
3.食品及副產類	澱粉、砂糖、麵粉、可可粉、奶粉、grain dust。
4.金　屬　類	鋁、鎂、鋅、鐵。
5.松香、樹脂、石臘、肥皂類	洋乾漆、松香、樹膠 (gum)、Sodium resinate。
6.藥品殺蟲劑類	肉桂皮、胡椒、gentian (龍胆屬植物)、pyrcthrum。
7.木料紙張及單寧酸	木屑、蔗渣屑、濾泥、賽璐珞、軟木、木料蒸溜溶劑。
8.其　　　他	化學工業、硬橡皮、硫化物、煙草。

特殊製造工程——根據 C.B. Boulef 氏在其「火災及防護」著書中，關於特殊製造工程及其防禦測定，分列如表17.18所示：

消防設備

起火之管制 (control of fires in earlystages) 爲火災防禦重要事項之一。起火之分類及其滅火方法，通常分爲下列三種：

「A」類火種 (Class A fires)：爲普通燃料物形成之火種，如木料、紙屑、棉花、煤炭、蔗渣、柏油、石蠟等不易受高熱而熔化之燃料品。

「B」類火種 (Class B fires)：爲燃料油類如汽油、汽脂、石油、酒精、滑潤油等着火點溫度較低的燃料，所形成的火種。

「C」類火種 (Class C fires)：爲在電設備內燃料油所形成的火種，如變壓器、油開關內之油類發生火災時即爲「C」類火種，其滅火之性能，必須爲非導電的性質。

故在滅火方法上，有下列三種基本原則：

a. 消除空氣中的氧氣，即窒息空氣，換置一種不流動之瓦斯，罩蓋一層不燃物體或化學物體，使空氣中的氧氣冲淡或窒息，減少至燃燒必須之條件，而後使其滅火。

b. 移除燃燒物品，如油類燃燒時可將油閥關閉，斷絕燃料或排洩油料，使自行滅火。

c. 降低溫度至着火點以下，在火災時用化學方法或水澆撒，冷卻燃燒溫度，使下降其着火點以下，停止燃燒。

起火的消防設備，乃依火類不同，有下列多種：

a. 蘇打酸滅火器 (soda-acid extinguishers) 包括碳酸氫鈉（

sodium dicarbonafe) 和硫酸 (sulphricacid) 兩種藥液, 前者藥液在器的外殼內, 後者溶液在內部的玻璃旦中, 使用時將器倒置, 使玻璃旦內外二種溶液混合, 產生二氧化碳瓦斯, 呈高壓將器內液沫由噴嘴噴出, 藉以撲滅火焰。其應用範圍爲「A」類火種, 對於「B」「C」兩類火種則不適用。該種滅火器的壓力較大, 射程可達30—40英呎, 普通容量爲2.5加侖, 可維持一分鐘之久。此器須每年充填交換藥液一次, 檢查及換藥應記錄於卡片, 掛在滅火器上, 以資查考。

b. 泡沫式滅火器 (foam-type fire extinguishers) 的構造與前者相似, 包括內外二種藥液, 置於器械內殼者爲水與碳酸氫鈉及泡沫穩定溶劑·(foam stabiliger) 的混合物, 置於玻璃旦內者爲水與硫酸鋁 (aluminum sulphate) 之混合液。使用時將器倒置, 使藥液混合, 產生高壓之水與二氧化碳瓦斯及泡沫三種成分, 藉以射撲火焰。射程與前者相同, 適於「A」「B」兩類火種之應用, 但對「C」類火種無效。

c. 二氧化碳滅火器 (carbon dioxide extinguishers) 與普通滅火器不同, 它是由液化二氧化碳用高壓壓縮於堅固的丹筒體中, 其壓力達850lb/in²。使用時將噴口 (discharge horn) 對準火焰開啓開關, 卽噴出霧狀的氣體。這霧狀泡沫罩蓋火焰, 摒除空氣, 使之窒息而停止燃燒。

這類滅火器對於「C」「B」類火種都特別有效, 對於「A」類火種則不適用。射程3—8英呎, 容量甚小, 但無侵蝕性或殘渣的副作用。維護方法爲每年或每半年秤量一次, 如發現重量減輕10%時, 則須重行補充。

d. 四氯化碳滅火器普通爲0.25加侖裝, 有泵式及加壓式二種, 專供避電滅火, 卽發變電廠防火之用。該器藥沫具有高度的揮發性, 密集層重時呈有毒性, 故在用後須經化學處理。

e. 乾燥化學滅火器（chemical extinguishers）包括兩種化學成分，內部且內蓄有二氧化碳或氮氣瓦斯（nitrogengas），外殼內則蓄有炭酸氫鈉之乾燥粉末。使用時將把手轉動，使內部瓦斯流出與外部之粉末化合，產生霧狀不燃性氣體。這種滅火器有各種不同容量，自 4 —30磅。性能有避電性質，適於發變電所之用。

防水水源的供應，為着火燃燒後之重要防禦設備。防火用水的標準水栓（hydrants），其水量為 250 gal/min，在工廠地區的水源水壓，最低須在 2kg/cm² 以上。

經常工廠除工業用水耗量設計外，對於非常防火用水大都另行設計。例如某工廠除工業用水外，須另設兩座 500gal/min 的防水栓，如其水量須供半小時之用，卽平時需另蓄有15,000 加侖的水，作為非常防水之用。

工廠地區，如廠房為密集者，可採用水環系統（loop-system）俾可減少水頭的磨擦損失，這樣便可以得到較高的水壓。主管以六吋為最宜，並設水閥，俾使溝內水源系統與其他水源（河流）連繫。

廠區內消水栓間距離，最大不宜超過400 呎。通常消防之龍頭口徑 $2\frac{1}{2}''$，並須具 coupling。小型龍頭有 $1\frac{1}{2}''$ 及 $2''$ 兩種，普通設置在走廊內或大樓的樓梯下，專為廠內員工消防的使用。

良好的工場管理，防火為最重要的因素，亦為安全工程師最須加強注意之事項。

同時工場檢查如地板雜亂情形，突出洋釘，通道是否受有阻礙，火警樓梯的情況，不整潔之堆聚物，距離滅火器太近的物料等，均為水火災預防重要事項，可在消防檢查時實施。

18. 電擊與雷殛

電　擊

今日不論工廠抑或家庭，均趨於高度的電化，因而電擊的機會，亦與日俱增。

當一個人不愼觸電，身體便成爲電導體。在這種情況下，輕則感到神經的震動，重則心臟痲痺而死亡；由於電流的熱效果作用，在身體上的電流出入口處，往往會被灼傷，甚或開成一個二寸多深的傷口。電擊情形的輕重，乃依電流大小而異；同時電流經過身體的部份和時間的長短，亦有莫大的關係。至於電流的強弱，便是依照電壓的高低和患者身體電阻的大小而不同。

動物之中，馬似乎對於電擊的抵抗最弱；至於人類雖較馬爲強，但受十分之一安的電流通過時，其蒙害的情形，乃和一萬安電流觸電時的死亡情形，並無二致。

當我們身體觸電時，電流則從皮膚的外表通至足部而向地裏流去。如果環境惡劣或身體潮濕，我們肉體的電阻，只有數百歐姆之多，縱設其爲1,000歐姆，並設電壓爲普通的 110 伏的話，則電流數值依歐姆定律：

$E = IR$ (設 E ＝電壓，I ＝電流，R ＝電阻)

電流＝110÷1,000

$$=0.1$$

縱使這微弱的 0.1 Amp. 電流，已足置人於死地而有餘。

在不同的環境下觸電，其後果是相差很遠的。木樓板和穿着橡皮鞋，即使爲220 伏所電擊，也不過感到刹那間的震動而已。如果地面潮濕，而且身體在出汗時觸電，便會產生極大的危險。從前有一坑夫，因在陰濕的礦坑中觸電，電壓雖只有50伏，但觸電後竟無法救治，這是唯一低電壓傷害的記錄。

3,300 伏以上的高壓電，身體一經觸及，即無法脫離。反之，間或觸及更高的電壓，將會把你打出兩丈多遠以外，局部雖曾受到劇熱的灼傷，也許反而能救了你的生命。如果在豪雨時從特別高壓的送電線路下通過，有時也會致人觸電死亡。

人體在觸電時，全身的筋肉會自然地作急劇的收縮，這種現象，它有時會使人從死裏逃生，倖免滅身之禍。譬如在鍋爐上或電焊上觸電，由於筋肉的收縮，因而脫離了電線的吸引，從高處掉下，得以重獲生還。若在平地上觸電，有時反因筋肉的收縮，而使電線將人體把持得更緊，患者雖失去知覺，但死狀是顯得悲慘而緩慢的。

千分之一安的電流，足使人體筋肉產生收縮的現象。通常的電壓，雖低至25伏，惟在某一種惡劣的環境下，都能使人傷亡。尤其患有心臟病的人，對於觸電更宜注意，心臟衰弱是不堪電流一擊的。

爲欲防止電擊的傷害，它的規則是非常簡單。譬如㈠使用安全工具㈡橡皮手套㈢ fuse tongs ㈣木梯（不宜使用鐵梯）等。同時永不將保險絲短路或冒險在通有電壓的電路上工作，附表19爲電擊傷害典型的例示。不少工廠裏有些發電室，工作人員往往喜歡在配電板後面收藏衣物、或放置衣箱和工具，這是一種最壞的習慣，非從速改善不足以維安全。

雷　　殛

落雷雖不是人為，但其災禍，不難予以消弭。譬如在機械設備方面，通常可以應用避雷針與避雷器；人的方面，依靠常識，亦不難獲得安全。

在郊外遇打雷時，應勿乘坐曳引車，離開鐵塔如水塔與煙囪之類，不宜跨越鐵絲網或鐵欄杆，和避免身體半露車身之外。

除上列電擊外，尚有工業上靜電的危險。記憶三十年前德國大飛船芝柏林號，靠近繫塔時因靜電而引起之爆炸慘案，即其一例。根據報章之報導，美國在1952年中，因靜電引致之火災意外，損失達一億美元，且有不少人因此喪生。

人體中所能攜帶靜電壓，乃依環境乾濕而異，普通可達 10,000—15,000 伏，最高可能達 30,000伏，較此更高時，頭髮將會直豎，靜電則自尖端放電逸去。但人體帶電至三萬伏之高，不一定就有危險，此乃視其工作之性質及地點而定。譬如處理汽油、苯類等之人員，往往因靜電引起爆炸而喪生者，屢見不鮮。

公共汽車之靜電電壓，高者可達 40,000伏。這種電壓足可將接觸的人擊倒於地。汽油運輸車常於尾部拖一鍊條而行，便是防止荷電的對策。

工廠中之靜電為害，除釀成火災及爆炸外，並常使接觸者受到猛然一擊。如係跌倒運轉的機器上傷亡事故自在意中。
但空氣濕度達到 80％ 時，靜電則無法形成，自動短路，立即放電消失。

電擊患者，其症狀與水傷相似。電流出入之傷洞，視電流之強弱，而深度亦不同。 如周圍的筋肉組織死亡過劇， 便很容易引起毒素的產生；當此毒素蔓延全身的時候，內臟則發生劇痛，繼之化膿失水，漸次衰弱而死亡。

　　救助患者，須先注意他的身體是否尚與電線接觸，救出後須放在空氣流通之室中，緩衣、注以冷水、再加溫暖。患者有時雖已斷氣，但施行人工呼吸或注強心針，可望復甦。

表2-18-1　電擊傷害原因統計

電　災　原　因	%
過負載	36
電線損壞	10
使用不當	31
未用安全衣着	5
在危險場所工作	16
起動及停止失當	12

(Pennsylvania Industries.U.S.A.)

19. 照明與色彩

照明的重要

　　照明之適當與否對於安全關係至大，奇怪得很，視覺雖爲人類最重要的官能，但不良的燈光在工廠中卻是最常見的事。

　　根據過去的調查和統計，一般工廠照明不足而發生災害，它的損失如果換爲工人的工作時間作表示，卽工人在此不合理的照明下工作，其每一分鐘的損失，乃等於多消耗一小時照明的費用。

　　又據保險公司的調查，在各大企業所發生的91,000意外事故中，其中有23.8%是屬於照明不良而引起的。

　　關係燈光的設備，有兩個問題必須提出。第一是工作所需的光度是否達到標準？其次便是光線對於工人是否舒適？舒適的光度原不是時時可以達到理想的，而所有增加的光度，倘不致使工人感覺不便，往往有助於減低災害。

　　許多工廠之所謂標準光度表，均可於照明書籍中見之，但這些結論多半是出自武斷，其實適當與合理的照明，諒有不少的工作，尙有待於繼續研究。因爲人類的視覺官能，對於一種激刺和他種激刺的強弱比較，簡單是毫無效用的，眼的瞳孔自動啓閉以控制通全網膜的光量，同時網膜轉而調整其本體，與光刺激建立一種平衡，其反應寧與刺激所引起的變動，而非對於絕對的光度。而且因刺激與感覺程度間的關係並不單純，故凡合理的照明，須根據生理上的反應，同時作比較的判斷，否則將是毫無價值之可言。

我們倘若使用測光儀計量日光時，隨時可以發現其光度的差別很大，然而在肉眼，祇有突然或較大的變動才能察見。中午太陽照在地面時，其光度高至10,000燭呎，但若強度的變動緩慢，則相差二倍的光竟不易發覺。室內的光度較低，往往僅隔一層窗戶，光度則降低95％。在相當明亮的室內，窗戶附近的最大光度不過100燭呎，再距窗戶後退，光度低減之甚，如非測驗，將難使人置信。

利用天窗採光的廠房，整個的平均光度雖較普通的橫窗為佳，但室內的各部差別仍為不可避免。室內的光度不足，自然是由窗戶面積之太小；但若將經年積污的玻璃清掃一次的話，至小的把採光的光度增加50％以上。同時塵埃特重或為牆壁的顏色不當，往往能將反射的光度，吸收了40—90％。顏色及於光線反射之關係如附表 2-19-1 所示，具見明徵。

表2-19-1　顏色與反射率

牆　壁　種　類	顏　　　　色	光　線　反　射　率
洋　　　　灰	原　　　　色	25
青　　　　磚	紅　　　　色	13
油　　　　漆	白　　　　色	81
油　　　　漆	象　　牙　　色	79
油　　　　漆	乳　　黃　　色	74
油　　　　漆	淡　　綠　　色	63
灰　　　　水	黃　　褐　　色	48
灰　　　　水	深　　灰　　色	26
灰　　　　水	橄　　欖　　色	17
灰　　　　水	淡　樫　葉　色	32
灰　　　　水	暗　樫　葉　色	13

改良天然的採光，實在是一個難題，因爲這是由於房屋最初設計的失當，或爲內部的機械設備佈置不善，有以致之。

當太陽西下時，工場中一個代表日光強度者或是50燭呎，但日落後的平均的人工照明處能達10燭呎者則不甚多見。通常工廠常見的平均照明多爲３—５燭呎，照這樣照明之驟然低降，焉不引起災害的發生。

我們根據不少試驗的結果，確知高度照明能獲到不小利益。祇要在工場能盡合理的籌劃，簡直沒有理由可以反對一千燭光之使用。然而在目前，有不少的工廠，仍然是眼光短少，只知節省電費，殊不知因小失大，一旦發生事故，其損失將非區區的電費可以比擬。

表2-19-2　工作種類及其安全照度

工　作　種　別	燭呎 (Foot Candles) 照射工作或距地面2′—6″
極 精 密 工 作	200~1.000
精 細 工 作	100
長 期 間 工 作	50
普 通 工 作	30
樓梯及應接室等	10
走 廊 及 大 廳 等	5

色彩在安全上的應用

色彩在近代工業上的應用，已大異從前；卽今日工業對於設色的利用，幾爲百分之九十着重於機能性 (functionalism)，對於審美方面，往往只占百分之十而已。蓋現代文明的一切物質，如果未具有機能性者，幾無法得以存在。

譬如昔日象徵着尊大而複雜的裝飾，由於今日照明、物理、心理以及生理等科學的發達與乎廣汎範圍的試驗結果，早被摒棄而不復採用。卽在近代色彩的利用，已變爲單純的形態，以對安全或生產，發揮最高的效能。

關於機能的重點，約有下列數端：

(a)容易察見 (visibility)

遠方色光的配合，依其強弱程度，順次排列如下：

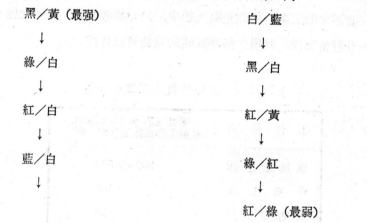

黑／黃（最強）
↓
綠／白
↓
紅／白
↓
藍／白
↓

白／藍
↓
黑／白
↓
紅／黃
↓
綠／紅
↓
紅／綠（最弱）

(b)視覺疲勞 (eye-strain)

除包裝、標語及其他之廣告標識，需要利用刺激的色彩外，工作場所及一般室內牆壁，應儘量採用調和的顏色，藉以減輕視覺的疲勞。

下列六項爲使視覺容易發生疲勞的主要原因：

1.貧弱的照明。

2.不適當的色彩對比 (contrast)。

3.眩射。

4.光線過份明亮。

5.物象距離太近。

6.逆光線或光線閃動。

⒞生理與心理的效果

據生理學的研究，色彩的強弱足能影響我們筋肉及分泌腺的變化。即色度 (chroma) 愈高，刺激的效果則愈弱，故若將色度予以適當加減，即可減輕不少意外的發生。

又如粉紅用於餐廳，可以增進食慾；大紅使人聯想到火焰與太陽；淡紫能使感覺涼爽舒適；天藍色象徵着海潤天高，引思索。人造絲廠的檢查室採用黑色等，此皆爲心理效果的機能性色彩應用之一例。

美國的色彩運動，早在十五年前，即1941年則已開始。最初響應此類科學者有 Du Pont, Pittsburgh玻璃公司等企業。

此色彩的調節 (colour condition)，可試舉下列各例以說明之：

1.天花板漆成白色或乳色，可以獲致80％的反射率。

2.牆壁下半段塗白色，可以獲致60％的反射率。

3.工廠中的通路界限，可在地面上用白線或黃線劃出。

4.機器外殼可塗暗綠或灰紫色，可動部份塗以具有刺激性顏色。

5.機器的把手 (handle) 與槓杆，可塗適當的焦點色如鮮紅或朱紅等。

色彩調節的直接利益如次：

1.照明條件雖不變，亦可獲致充份的明亮效果。

2.由於標識色彩的應用，可使工人在工作環境中產生安全感以及維持良好的工作秩序。

3.減少意外事故的發生。

4.減少保險費用的開支。

20. 噪音與通風

噪音的煩擾

在舊日的工廠中，噪音爲有碍工業生活的一個不舒適條件。由於有更迫切的環境問題等待處理，以致迄今尚未將音響視同有碍安全的弊害而謀挽救。

此項聲響，在試驗上往往遭受到極大的困難。因爲機器的噪音，除將機器停止外是無法消滅的。但若將機器停止，而工作當亦停止；如是自將無法尋出聲響與安全關係之可能。

試驗室曾有這樣的記錄，卽噪音與振動並起，可致暴露於此種聲響與振動的小鼠於死亡。但若僅暴露於聲響一項，反使小鼠的生活益見活躍；不過此類試驗結果，對於工業上並無多大價值。

依照理論，自然以聲響愈低愈好。不規律或爲間斷的聲響，最易使人感覺不快。此固然會影響於精神工作，終致發生意外；反之，對於規律而繼續的聲響，可以習而安之，乃爲顯明之事。但縱然對於聲響的習慣，還需要一種努力，以維持其漠不關心的狀態，而此種努力，終久仍爲疲勞的因素。

工廠中須特別注意從事噪音特響的工作的人員，勸導使用防音器。且對於從事單調工作者，工場其他部份的聲響與振動，往往極爲騷擾。此猶若一人在密切集中其注意方時，官能不免弛放，致無從抵禦意外的襲擊。如音響為無法避免者，則其所引致的煩擾與苦惱，至少當限於愈狹的區域愈佳。

通風及於健康的影響

通風對於人體的舒適與安全，至近年來始有作科學的研究。人體對於溫度，濕度與空氣流速的反應，在未有良好科學基礎以前，僅憑經驗忖測是無法正確的。除了普通的溫度表和乾濕球的溫度表外，簡直沒有器械可以計量，直至希爾氏發明了 Kata-thermometer，才把這些問題置入數學字研究的範疇內。今日我們測知空氣對於人體的種種條件，才能予以適合的調節。

倦怠不安和工場災害，往往是在通風不良的工廠中發生。但在上述的研究未實現以前，對其原因則有不少的意見。一說則謂由於呼吸之消耗室內氧氣而代以二氧化碳人體逐感氧氣的缺乏；另一說則以上述原因的影響，因聚積的二氧化碳而中毒。兩說之二氧化碳，其對於生理之作用，確具有窒毒的影響。

為維護工場的安全起見，必須採取實際措施，不潔的空氣必需排除，而新鮮的空氣必須充分輸入，縱使理由錯誤，但實際上的結果往往是對的。

在劇烈工作時，生理依物理和化學的變化而產生大量的熱，不停的發散出來。如果這些熱未能排除，人體的溫度則超越常溫，於是表面的血管自動擴張，使血液加速地暴露於空氣藉以獲取冷卻的作用，同時血液從重要的內臟官能轉移。此排除廢熱的工作，也可以由發汗行之，但若空氣中不能立時吸收這種滲出的濕氣，則人體感覺非常不適。

如果繼續吸入又熱又濕而靜止的空氣，其害處更大，因為肺部柔弱的膠粘性層被壅塞，如失去順調，便會形成細菌的沃壤。

表2-20-1 溫濕度及於人體的反應

溫　度	濕　度	人　土　反　應
27	20	尚　適
27	65	不　快
27	80	必須休息
27	100	不能擔任劇烈工作
21	75	尚　適
21	40	快　感
21	85	舒　適
21	91	容易發生意外事故
32	25	尚　適
32	50	厭棄工作
32	65	不能作劇烈工作
32	81	體溫超越常溫
32	90	有害健康

譬如在礦坑中的工作人員，肺炎的死亡率很高，即其一例。

工作效率，疾病和傷害與通風的關係，更有許多顯明的例證。

Davise 氏在一所輾殼工廠中，發現在夏令炎熱天氣數中，產量降低 9 ％—13％，但該廠的通風設備加以改良以後，產量則立見增高。

意外頻率亦經長期在三家兵工廠中計量，而特別將溫度不繼自動記錄。根據計量的結果，得知 11°C升至19°C時，意外事故的趨勢減少。但在較低的溫度中，意外的事故則增高 35％。又若溫度超越 20°C 以上，意外事故的頻率又突然增高。

　　但亦有不少工業對上述的溫度，不免嫌其過高，卽 20°C 溫度對於許多工作，不能一概認為適合。故凡環境必須時時和工人身心的需要配合，而這些必需的條件，卻是每種工業不同的。

　　酷熱的工作如玻璃廠鋼鐵廠等，必須裝有急速的換氣設備，藉以消弭不可避免的高溫。至於其他工作，其常安坐作精細的手工，或體力智力同時並用者，溫度以較冷為宜。作激烈工作而環境又無法講求者，則須教導作人，使知選擇最適宜的工作衣服。

21. 動物傷害

毒蛇傷害

動物傷害常發生在於伐林、採礦、漁、土木測量等工作場所，傷害動物則以有毒的爬蟲類、魚類及昆蟲為主。

根據 Ross Allen 及 W. Neill 兩氏的統計，美國在1955的一年中因被毒蛇咬傷而死亡者達二百人，此數字乃包括工業從事人員、普通兒童及漁獵者在內。關於毒蛇的咬傷，在今日醫藥中，一直尚處於研究的階段。

多年美國在佛羅里達(Silver Spring, Florida) 設立一所爬蟲類研究所，專事試驗毒蛇毒液及製煉血清。該所並收集全國有關動物傷害的統計數據，例如受害者的職業、年齡、體重、性別、種族及身體被咬的部位等，作一廣闊範圍的調查與研究。

奇怪的是，在六百種不同的情況下的毒蛇咬傷事件中，狩獵者的受害在統計所占百分率卻意外的低，而大部的受害者卻是屬於從事工業方面的伐林與礦場。

我們在此可以臆想，一般從事工業的人，平時對於爬蟲及其動物的習性並未注意，因常識不足或有以致之。

美國境內許多蛇類對於人類多為無害，但有幾種毒蛇如珊瑚蛇（coral snake; 2 species)、棉花嘴 (cottonmouth) 又稱 "Water

moccasin"、銅頭蛇（Copper-head)和數種的響尾蛇（rattlesnakes)等
數種。此外非洲和亞洲所產眼鏡蛇（Cobras）、印度的腹蛇（Indian
Krait）和鼻蝮蛇（rhino viper）等，均爲極毒蛇的一種。其中如印度
克力物，襲擊對象時動作，速度有若閃電，它又張口放下顎下的一雙毒
牙，咬嚙人體而放毒以致收回毒牙而離去，一連串的動作爲時不過數十
分之一秒，而人被咬竟或不自知。它是蛇類中唯一具有神經與血液中毒
的雙重毒液，如果普通健康的人，一經被咬不久雙目失明，四十五分內
卽告死亡。

　　美國毒蛇血清研究所的主持人Bill Haast 氏，曾於一九四九年在實
驗室中爲墨西哥一種毒蛇（Mexican cantil）咬傷。下列便是一段極富
價值有關人類中毒後反應情形的記錄報告：

Mexican cantil. No. 285　三月廿一日

　　一九四九年，時間：40 P.m.

下午6時40　不愼被嚙。

下午6時45　局部腫起、劇痛。

下午7時00　在手背上注射血清。

下午7時11　在肘上注射血清。

下午7時13　在腕上注射血清。

下午7時29　嘔吐、劇痛復作。

下午7時40　開動十二座吸血泵，在手及腕上用刀切開肌肉，將毒吸出。

下午7時43　嘔吐膽汁。

下午8時05　開動十四座吸血泵。

下午8時20　開動十六座吸血泵，嘔吐復作。

下午8時35　將傷腕浸於鹽水中，除去吸血泵。

下午8時43　嘔吐復作，再度用吸血泵。

下午9時15　病者感覺寒冷，覆以毛氈。

下午11時00　進食羊乳及巧克力。

下午11時40　腹腔發生激烈刺痛。

下午12時20　腹腔繼續尖銳的刺痛。

下午12時30　灌腸（次一小時內，每隔五分鐘灌腸一次）。

上午1時05　休息。

上午1時47　恐怖的劇痛，情況又轉惡劣。

上午2時31　嘔吐。

上午2時42　敷熱水袋。

上午4時02　全身感覺寒冷的壓迫，下腹劇痛。

上午4時40　劇痛頻作，情況惡劣。

上午7時45　再度割切新傷口，以吸血泵吸血。

上午8時15　疼痛開始停止，漸次脫離危險。

我們從上述的臨牀報告中，　當可想像毒蛇傷害的治療將是如何困難。　美國今日作為血清用的毒液（ Venom ）每英兩價值一萬二千美元（商品名稱Cobroxin），而且關於這一方面的醫療研究，即在其他國家亦不甚普遍。因而我們從醫治的方面來說，目前對於蛇咬，還是需要特別提防。

珊瑚蛇為一種紅藍相間的一種小型毒蛇。遍佈於美洲低窪及沙漠地帶，牠並不常常先向人畜攻擊，　除非不愼誤踏着牠的身體。死於珊瑚者，美國差不多平均每十五年只有一人。

棉花口棲息在美洲各地高原的溪邊或池塘附近。銅頭蛇分佈的地帶亦甚廣，被咬後產生激痛及局部腫脹，經適當醫治可望康復，除非體質特別衰弱者始不治死亡。

產於美洲的響尾蛇則有十數種之多，小型者通稱"pygmy rattlesnake" 長僅二十英吋。此外尚有花斑響尾蛇、虎紋響尾蛇，棲息在亞利桑那州的尉勒德響尾蛇（Willard's rattles）和科羅拉多（ Colorado）

沙漠中的角頭響尾蛇等。

　　大型者通稱森林響尾蛇，有名黑蛇、摩查（Mojave's）、草原響尾蛇和紅色響尾蛇等五種，均爲美國具有劇毒的毒蛇。

　　根據歷年統計，分析六百人被咬的原因及地點如表2-21-1所示：

表2-21-1　美國毒蛇傷害統計

人數	傷害原因及地點	人數	傷害原因及地點
179	近郊工作	33	狩獵
	移動木材石塊	22	釣魚
	倉貯搬卸	21	散步
77	兒童遊玩被咬	18	游泳
91	採集或捕捉蛇類	14	菓園採果
60	農場種植及收穫工作	64	拍照及夏令營

　　從上表的事故分析中，得知農場或近郊中蒙受傷害的人數較之在森林狩獵者更高，其原因旣如前所述，卽一般普通工作人員對於蛇類的常識遠不如獵人，其次卽爲農場或近郊因鼠類較多，蛇類以鼠爲餌食，因而亦喜集中於郊野或田園。

　　上述六百人中，僅八十九人（15%）經醫治得以恢復健康，其餘均因醫治不當或處理太晚而死亡。　卽一般蛇咬，死亡率幾爲百分之八十五。

　　按季節的統計，一年中十二月至二月間受蛇咬的機會較少，三月則爲危險期的開始，　六月至八月間數字達至尖峰，　十二月以後則漸次降落。

蛇咬的預防

蛇咬的預防，爲郊外或在農場中工作者必具的常識。即我們通常進入莽叢，在未看淸的地面，切勿貿然落步。在多蛇環境中工作，最好穿着長筒靴，並將褲摺入靴筒內。跨越砍伐的倒木，尤應注意對面是否有蛇蟠伏其下。

測量隊或土木人員在外露營，儘可能將牀位升高，在高處睡眠較之直接臥在地上爲安全，最好將蚊帳納入墊褥之下。對於毒蛇不論其爲死活，萬勿直接用手提取。

一般蛇咬多在手或脚部，故一旦被咬，救急之法可將襯衣撕破利用布條在傷處上肢紮緊，其緊度以能阻滯皮下血液循環則足。

其次則在傷處用利双如剃鬚刀片等切開，深度約二公分左右，儘將血毒放出，如口無損傷，即用將血毒吸出。

如爲步行歸途，患者須特別保持鎮定，絕不宜急步奔跑，否則血循環加快，則中毒更深。

被咬傷口多呈腫脹，如不立刻就醫，仍可在腫起的傷口周圍用刀片割開，繼續將血毒放出，且布帶不妨每十五分鐘稍稍放鬆一次。

上述乃屬於陸上的主要蛇害，至如在水上的船舶打撈或潛水等工作，傷害動物多爲魚類或有毒水母。此類傷害迄今尚無正確之統計，且其醫治方法亦較爲簡單。

22. 急　救

急救的目的

急救（first aid）是對因意外發生的傷者，或突然患病的人，在醫師未能抵達之前的一種緊急處理工作。因而急救工作在醫師前來時，則告一段落。

由於急救處置是否適當而影響患者生死存亡的關係至大。卽將來患者能否迅速復原，或須長期住院，是否暫時的使身體失去常態，或造成永久的殘廢，均由於急救治療的方法是否合適，果則患者在受傷不僅可以減輕痛苦，且在正式醫療的工作上，亦可減少不必要的麻煩。

同時，在自身而言，如能早有急救的常識，不但可以減少自身遭受危險的機會，且可隨時救治他人。時常在你遭遇一件意外時，雖欲救人，往往不知從何着手，間若弄巧成拙，反而加重患者的傷勢或未可知。急救對患者之後果如何，其重要性自可想見。

急救的一般原則

㈠預防意外，減少無謂的犧牲：從統計和經驗告訴我們，工人中曾受過急救訓練者，其發生意外時的死亡機會，較之未曾受過此項訓練者低一倍以上。

㈡訓練工人能在意外發生時在適當的時機，作適當的工作：急救者雖不能如醫師一般，具有太多的醫學知識，但他亦須具有基本醫學常識，以便知道如何處理一件傷害。

㈢防止無謂的再度傷害患者：患者最忌大出血與傷口被細菌感染，因而急救訓練是要使你知道那些工作是應該做的和不應該做的。

㈣患者的移送：意外事故並不專發生於醫院附近的地方，當遠離市區而無醫療設備的地點時，患者必須移送就醫，而如何搬運，是一件要十分小心的工作，非受過專門訓練者殊無法勝任的，否則對患者隨時增加危險。

急救的一般原則，計有下列十二項：

㈠急救工作乃屬於臨時性的治療，故一切敷藥、包紮、繃帶等以愈簡單愈迅速愈好。過份的處理，殊屬不必。

㈡將患者平放於安適的位置，患者的頭部與身體須在同一水平面上（間或例外），如果可以防止患者的昏迷（因頭部擡高，血液不易流入腦部，致因腦貧血而昏迷。），許多未受訓練者，反欲使病者擡起頭來，並試行扶起等，此均爲違反急救的生理原則。如遇病人嘔吐，可持其頭轉向一側，以免吐出物阻塞呼吸道窒息而死。

㈢立即檢查出血部位，有無呼吸道阻塞、中毒症狀、傷口大小、骨折或脫臼：痛楚是受傷者能告訴我們最好的指示。檢查時須解去衣服以決定傷勢的輕重，如傷在手臂、下肢或軀幹部，最好由受傷處起用剪刀將衣服剪開，切勿試圖脫去，否則可引起病人的痛楚和加重病勢。同時可對病人說話，以便知其是否清醒。如不清醒而在昏迷狀態，這便表示受傷最可能在頭部。如欲檢查有無呼吸道阻塞，可露出傷者胸部，觀察有無起伏動作，否則應立行人工呼吸。中毒者可檢查口唇、口腔是否因強酸或強鹼性藥物而引起的燒傷面與腐蝕現象，如外表看不出中毒現象，聞患者的呼出的氣味，亦可告訴你一些診斷資料，因某些毒物有特定的氣味。如果有血水或白沫自口腔等處吐出，表示病人多是癲癇症（俗名羊癲瘋）。

㈣(1)嚴重的出血(2)呼吸道不通(3)中毒，這三者必須立刻加以處理，其他的可以次要治救　。

㈤假如同時有多人受傷，斯時急救者須立刻判定當時情況，應以受傷最重而又最需要立卽救治的病人先行處理。

㈥保持病人溫暖，使有正常體溫：過度使病人太暖大爲不必，只使他保持體溫於正常卽足。

㈦同時急令人請醫，或速叫救護車送醫院：送信人必須將出事地點（受傷者地點），受傷的性質，受傷的原因以及受傷的大小說清楚，如此方能使醫師知道怎樣能在最短時間到達，需要用些什麼藥物和器材。

㈧盡量保持病人安靜，非絕對需要時，不宜急於轉動患者。

㈨對一神志不清的病人，絕不宜給予水份或其他液體，因水可衝入氣管而將呼吸道阻塞，病人可能不死於外傷而死於不適當的給水。但當傷者清醒而無嚴重腹部外傷時，卽可給予水份，熱茶熱咖啡均佳。

㈩揮使旁觀者遠去免礙急救工作。

㈠在可能範圍內，盡量設法使病者舒適愉快，身心安逸，有助於早日康復。

㈡不要讓病者知道或看見自己的傷勢，對病者家屬亦應以適當的口氣轉知大概，並使安心，以免引起不安和混亂。

傷害急救常識

一般工場經常須準備急救藥箱，以備人員受傷時應用。茲將各種傷害的救治常識分列如次：

(一)傷口與細菌感染

刀傷及刺傷的創口，極易受細菌侵入，凡受傷後在六小時內，必須消毒，否則無效。

普通傷口可用紅藥水或配尼西林藥膏。出血或有黴菌侵入內部時，亦可用碘酒等消毒。

破傷風菌毒性甚強，患者可能喪命，須延醫注射破傷風之血清注劑。

毒蛇咬傷依毒蛇種類不同分為血液及神經系統兩種，被咬後傷口急腫，局部刺痛，引起淋巴管及淋巴腺炎、發高燒、呈腦症，再而引起心臟麻痺而死亡，救治方法可參閱第二十一章動物傷害。

(二)火傷

太陽晒傷，屬於火傷之一，可塗以富有油性的普通面霜，重者塗硝酸銀水。

普通火傷先起水泡而後化膿，可用消毒針將泡刺破，然後塗油膏，使與空氣隔絕，可減輕痛苦。

灼及皮膚下部的筋膜、筋肉或骨者，謂之第三度火傷；重傷致使皮膚發黑，謂之第四度火傷。因火灼重傷，甚易化膿而失去身體的水份，重則屢致死亡。故凡火傷，初步治療乃為如何防止化膿。第三度火傷及使用油質頓膏，但第二度火傷（即起水泡）如占全身三分之一面積時，往往亦能致人喪命。因身體死滅的組織產生毒素，當此毒素蔓延全身時，內臟則發生劇痛，繼之化膿失水，漸次衰弱而死亡。

火傷重症者，在四十八小時內，體溫多下降、無尿，具有少量的血尿漏出，意識不清、嘔吐、並在昏睡狀態中死亡。在此時期，須事前大量補給體內水份（注入生理食鹽水）及大量葡萄糖或適度的強心劑。

自猛火中救出患者，如爲石油或汽油失火，應睡在地上用布塊或沙撲滅之，並注意如何用剪刀將衣服脫去。

(三)電殛

身體如經強電流通過，接觸的部位則起火傷症狀。電流出入的傷洞，間達寸許深，並使周圍的組織死亡而產生劇痛。

救助電擊患者，須先注意其身體是否尚與電線接觸。救出患者以後，須放在空氣流通的室內，緩衣、注以冷水後，再加以溫暖。如覺呼吸有異狀，可行人工呼吸或注強心針。

(四)凍傷

凍傷患者的症狀略似火傷，但皮膚蒼白，感觸遲鈍，淤血、浮腫、劇者則成皮膚壞死。治法將患者局部徐徐加溫，加溫太快反會使肌肉受傷。

(五)化學藥品的腐蝕傷害

鹽酸、硫酸、硝酸等能破壞人體組織。患者局部症狀發紅、起水疸，然後肌肉壞死。其感染的作用，可大別爲蛋白的沈澱，化學的溶解作用，及吸水炭化的物理性質等。

傷害如屬酸類可用大曹達，鹼性者可用稀薄醋酸，重金屬者（昇汞等）則用卵白使之中和。其他可依照火傷方法治療。

(六)窒息

空氣中如含有一氧化碳 (Carbon monoxide) 百分之一以上，人類呼吸後，則抑制血中的氧，可使中毒患者在數分鐘內窒息而死亡。

救助患者須注意自身的中毒，一氧化碳爲無煙無臭的氣體，一經吸入，當你並未感到任何徵兆以前，則立刻失去知覺倒地，甚至無法爬行。故凡救助此類患者，絕非可以手巾掩鼻，而必須應用防毒面罩方能禦防毒氣的侵襲。

患者救出後，應置於室內供以新鮮空氣，施行人工呼吸，然後延醫並應用氧吸收器（inhalator），藉將血中的一氧化碳驅出。

(七)人工呼吸

下述爲美國紅十字會（American National Red Cross）所示之一稱標準人工呼吸法。

(a)將患者俯臥地上，屈肘，將患者頭部稍側並乘在其自身的手上如圖30所示。

(b)救助者跪於患者之前，一膝接近患者頭，另一膝則置於患者的前臂。如地面平滑，可將兩膝同時跪下。將你兩手在患者背上放平，其位置須適在腋處所示點線之下（圖2-22-1左）

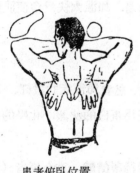

患者俯臥位置　　　　　　　　　　　救助者位置

圖2-22-1　傷害急救

(c)壓縮姿勢如圖右所示，救助者伸直兩臂，使身體稍垂直，藉以借用身體的重量，緩緩用力傳達於兩手上，壓着患者使迫其肺部空氣吐出。斯時須保持兩肘伸直，直接用力在患者的背部。

(d)擴張姿勢如圖 2-22-2 中所示，鬆弛壓力時爲避免急救的推動起見，開始兩手須慢慢放鬆。再將兩手移放在患者的臂節處。

(e)將患者的兩肘對自身的方向擡起，以患者能縮起雙臂爲度。你的兩臂仍須保持伸直，然後將患者兩臂墮於地上。

　　此乃呼吸的一循環（fulll　cycle）。如是反復操作，每分鐘約爲十二循環。壓縮與擴張的時間須相等，每一循環持續時間亦須均一。

壓縮　　　　　　　擴張姿勢的位置

擴　張

圖2-22-2　傷患急救

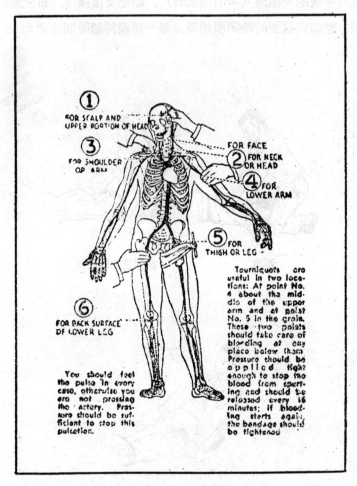

圖2-22-3　止血施壓部位

附　　錄(1)

CIRCUMSTANCES SURROUNDING ACCIDENTS
Table1
Agencies of Occupational Injuries

Agency	Total	Manu-facturing	Non-Manu-facturing
Total	100.00%	100,00%	100.00%
Vehicles	13.23	10.19	15.02
Trucks	2.95	2.02	3.51
Passenger automobiles	2,12	2.60	1.83
Hand and foot operated	1.51	2.49	.93
Railway cars	1.23	.69	1.54
Other	5.42	2.39	7.21
Machinery	10.37	20.48	4.39
Grinding wheels	.68	1.64	11
Lathes	.40	1.02	.02
Power presses	.35	.93	.01
Road	.22	.01	.35
Circular power saws	.18	.46	.02
Other	8.54	16.42	3.88
Hand tools	9.43	9.80	9.21
Knife	1.06	.92	1,15
Shovel and spade	.60	.33	.75
Wrench	.54	.75	.42
Hammer	.53	.71	.42
Other	6.70	7.09	6.47
Working surfs.	5.95	4.87	6.58
Floors	1.90	2.14	1.75
Others	4.05	2.73	4.83
Chemicals	4.30	5.27	3.73
Hot and corrosive substances	3.02	4.24	2.30
Other	1.28	1.03	1.43
Hoist. apparatus	1.16	1.68	.86
Overhead cranes	.35	.90	.03
Shovels, derricks, dredges	.20	.04	.30
Other	.61	.74	.53
Conveyors	.93	.59	1.13
Elect. apparatus	.42	.35	.47
Prime moyers and pumps	.39	.20	.50
Elevators	.32	.34	.31
Other agencies	53.50	46.23	57.80
Brick, rock, etc.	5.58	1.36	8.08
Boxes, benches chairs, etc.	2.97	2.97	2.96
Stairways	1.70	1.28	1.96
Sheet and plates	1.64	2.09	1.37
Other	41.61	38.53	43.43

Source: Pennsylvania Department of Labor and Industry. Classification of cases was made in accordance with the American Standards Association code for compiling industrial accident causes

Table2
Type of Accident and Part of Body Injured, Compensated Occupational Injuries

Type of Accident	Total	Eye	Arm	Hand and Finger	Thumb and Finger	Leg	Foot	Toe	Other Parts and General
ALL CASES (including Deaths and Permanent Total Disabilities)									
Number of cases	304,991	9,837	27,854	25,341	58,437	35,105	27,754	14,648	84,778
Average compensation	$369	$357	$448	$270	$275	$403	$264	$149	$467
PERMANENT PARTIAL DISABILITIES									
Number of cases	49,866	1,693	4,437	2,972	19,702	4,398	2,332	3,222	11,110
Average compensation	$699	$1,596	$1,135	$746	$366	$1,236	$707	$257	$878
All Types (cases)	100%	100%	100%	100%	100%	100%	100%	100%	100%
Handling objects	21	7	13	20	20	10	22	56	11
Falls	16	1	50	14	5	47	35	3	16
Machinery	25	13	11	25	39	5	8	7	12
Vehicles	8	2	13	8	7	17	11	5	13
Using hand tools	8	28	3	8	10	2	3	5	11
Falling objects	8	14	3	4	4	10	13	20	18
All other types	14	35	8	21	9	9	8	4	19
TEMPORARY DISABILITIES									
Number of cases	179,462	7,278	16,480	15,873	31,401	26,206	15,123	7,823	59,278
Average compensation	$92	$28	$88	$54	$41	$120	$74	$56	$134
All Types (cases)	100%	100%	100%	100%	100%	100%	100%	100%	100%
Handling objects	25	3	20	20	27	12	20	33	38
Falls	19	1	20	8	2	36	13	3	22
Machinery	9	5	6	10	21	3	3	4	3
Vehicles	8	1	11	6	8	12	10	8	12
Using hand tools	8	10	8	16	19	6	8	7	4
Falling objects	11	53	7	7	9	14	23	39	10
All other types	20	27	22	33	14	17	23	6	11

Courtesy, National Safety Council.

Source: Number and average compensation for all cases based on reports of five state labor departments: Illinois, Minnesota, New Jersey, New York and Pennsylvania. Number and average compensation for permanent partial and temporary total cases based on reports of seven state labor departments: Illinois, Maryland, New Jersey, New York, Pennsylvania, West Virginia and Wisconsin.

Table 3
Unsafe Acts and Mechanical Causes of Occupational Injuries, By Agency

Unsafe Act or Cause	All Injuries	Machine	Elevators	Hoists and Con-s veyors	Electrical Apparatus	Motor Vehicles	Other Vehicles	Hand Tools	Chemicals	Working Surfaces	Ladders
UNSAFE ACT											
Total Cases	100%	100%	100%	100%	100%	100%	100%	100%	100%	100%	100%
Overloading, poor arranging	46	32	31	31	36	30	41	19	36	79	80
Unnecessary exp. to danger	18	28	29	10	10	36	35	16	10	1	4
Unsafe, or improper use equ	18	31	28	31	31	28	12	55	6	5	11
Non-use pers. protect. eqp.	11	11	4	5	5	1	3	9	33	**	**
Work. on mov. or dang. eqp.	2	2	4	16	16	1	5	**	9	**	**
Improper starting or stopping	1	3	4	2	2	2	3	**	1	4	3
Operating at unsafe speed	**	1	**	**	**	**	1	**	**	**	1
Mak'g safety dev. inoperative	**	1	**	**	**	**	**	**	**	0	0
No unsafe act	3	1	0	0	0	1	**	1	5	10	1
MECHANICAL CAUSE											
Total Cases	100%	100%	100%	100%	100%	100%	100%	100%	100%	100%	100%
Hazard, arrang. or procedure	64	72	78	77	67	72	82	51	52	34	68
Defective agencies	23	16	19	19	27	26	16	39	4	62	31
Unsafe dress or apparel	11	11	1	4	5	1	2	9	33	1	**
Improper ventilation	**	0	0	**	**	0	0	**	5	**	0
Improper guarding	**	1	0	0	1	**	**	**	1	**	0
Improper illumination	**	0	0	0	0	**	**	**	**	**	**
No mechanical cause	2	**	1	**	0	1	**	1	5	3	1
Number of Accidents	130,403	13,717	486	2,721	640	6,323	10,051	11,927	6,014	12,066	1,680

Source: Pennsylvania Department of Labor and Industry. Classification of cases was made in accordance with the American Standard Code for Compiling Industrial Accident Causes.

*Includes agencies other than the ten for which detailed information is shown: pumps and prime movers, 398; boilers, (pipe and pressure apparatus 326; mechanical power transmission apparatus, 31; coal, 5,773; lumber or woodworking, materials (not otherwise classified), 2,419; metal (plate, rod, sheet, etc), 6,955; nails, 2,489; runwarys, stairways, scaffolds, etc., 376; objects not otherwise classified, 46,011.

**Less than half of one per cent.

Courtesy National Safety Council.

Table4

Unsafe Acts and Causes of Permanent Disabilities and Deaths, By Industry

Unsafe Act or Cause	All Industries* Number	All Industries* Percent	Ma-chinery	Steel	Sheet Metal	Metal products	Non-Ferrous Metals	Chemical	Paper & Pulp	Food	Public Utility	Con-struction
UNSAFE ACT												
Total Accidents	3,112	100%	100%	100%	100%	100%	100%	100%	100%	100%	100%	100%
Unnecessary exposure to danger	796	25	25	27	20	21	31	11	31	29	22	30
Unsafe, or improper use of equip	467	15	19	15	21	13	13	11	17	7	12	12
Work'g on mov'g or dang. equip	428	14	13	15	13	12	9	18	14	19	12	9
Non-use pers. protective equip	275	9	7	9	6	7	7	7	6	4	20	9
Improper starting or stopping	284	9	12	8	3	12	10	9	8	7	9	13
Overloading, poor arranging	214	7	7	9	5	4	6	8	10	5	5	9
Mak'g safety devices inoperative	157	5	5	1	9	8	4	4	2	4	8	2
Operating at unsafe speed	93	3	7	2	3	4	2	3	3	5	2	5
No unsafe act	398	13	9	14	19	19	16	16	9	20	10	11
PERSONAL CAUSE												
Total Assidents	4,818	100%	100%	100%	100%	100%	100%	100%	100%	100%	100%	100%
Improper attitude	2,376	50	50	47	56	51	45	50	46	52	54	44
Lack of Knowledge or skill	1,457	30	34	33	22	26	29	27	35	24	26	34
Bodily defects	102	2	1	2	1	2	2	2	3	3	2	4
No personal cause	883	18	15	18	21	21	24	21	16	21	18	18
MECHANICAL CAUSE												
Total accidents	4,818	100%	100%	100%	100%	100%	100%	100%	100%	100%	100%	100%
Hazardous arrang. or procedure	1,634	34	33	41	26	27	36	35	40	28	30	41
Improper guarding	1,214	25	22	22	36	24	21	22	28	26	30	18
Defective agencies	747	15	14	15	14	16	20	18	16	17	15	21
Unsafe dress or apparel	277	6	5	5	6	6	8	5	3	5	8	7
Improper illumin, ventilation	32	1	1	1	**	**	**	1	**	2	1	2
No mechanical cause	914	19	25	16	18	27	15	19	13	22	16	11
Number of Accidents:												
Unsafe acts	3,112		564	244	200	187	202	214	208	182	453	187
Personal and mech. causes	4,818		800	449	295	303	291	355	360	262	707	243

Source: National Safety Council analysis of reports furnished by individual industrial establishments. Classification of cases wasmade in accordance with the American Standards Association code for compiling industrial accident causes. Larger numbers of reports are available for cause information than for unsafe acts merely because the cause data have been collected for a longer period of time.

*Includes information from industries other than the ten for which detailed information is shown.

**Less than half of one per cent.

Table 5

Qccupational Diseases

AU diseases	N.Y. 100%	Wis. 100%
Dermatitis	47	59
Blisters and abrasions	15	*
Bursitis and synovitis	8	12
Benzol poisoning	5	...
Lead poisoning	5	3
Silica and dust	3	4
Compressed air disease	1	...
other	16	22

Courtesy National safety Council

*Not listed by Wisconsin

...Less than1/2 per cent.

Table6

Type of Accident and Nature of Compensated Injuries

Type of Accident	Total	Cuts, Lacerations	Bruises, Contusions	Strains and Sprains	Fractures	Burns and Scald	Amputations	All Others
All Types	100.0%	92.1%	14.6....	22.2%	17.9%	4.5%	2.0%	9.7%
Handling objects	100.0%	23.6	11.6	43.6	13.5	0.1	0.9	6.7
Falls	100.0%	13.3	17.0	36.6	27.1	0.8	0.1	5.1
To a different level	100.0%	12.6	17.1	30.5	33.4	0.5	0.1	5.8
To the seme level	100.0%	14.0	16.9	41.4	22.0	1.1	0.1	4.5
Machinery	100.0%	47.6	7.9	5.1	21.4	2.1	11.1	4.8
Elevators, oists, conveyors	100.0%	31.6	13.7	7.2	36.1	0.5	5.8	5.1
Engines, power transmission	100.0%	31.6	6 6	11.7	20.7	10.9	7.6	10.9
Power-driven machinery	100.0%	51.4	5.7	4.5	13.1	1.9	13.7	9.7
Other machinery	100.0%	52.9	10.3	6.1	24.2	3.0	17.8	5.7
Vehicles	100.0%	24.9	17.4	20.0	26.8	0.7	1.4	8.8
Motor vehicles	100.0%	27.7	15.5	18.6	24.3	1.2	0.7	12.0
Other vehicles	100.0%	29.5	16.4	20.6	21.3	0.4	2.1	9.7
Falling objects	100.0%	41.8	16.5	4.2	30.6	0.2	1.0	5.7
Using hand tools	100.0%	60.2	10.5	7.0	10.8	1.0	1.4	9.1
Stepping on, striking object	100.0%	51.7	2.19	3.9	6.4	0.3	0.4	15.4
Electricity, exploves, heat	100.0%	7.1	1.3	0.5	2.6	82.0	0.4	6.1
Harmful substances	100.0%	1.4	0.1	0.2	0.2	47.8	0.1	50.2
All other types	100.0%	28.0	13.7	16.6	16.3	3.3	0.9	21.2

Courtesy National Safety Council.

Source: Reports from five State Labor Departments or Industrial Commissions: Idaho, Maryland,e NXork,w pennsylvania, and Wisconsin. Some details Partially partially etimated.

Table7
Type of Accident Compensated Occupational Injuries

Type of Accident	Percentage of Cases				Average Compensation per Case		
	Total Cases	Deaths and Permanent Totals	Permanent partials	Temporaries	Total Cases*	Permanent Partials	Temporaries
Total	100.0%	100.0%	100.0%	100.0%	$265	$609	$88
Handling objects	24.3	5.6	20.9	25.3	159	41	79
Falls	18.1	15.9	16.2	18.6	338	897	122
To a different level	8.2	12.1	8.4	8.1	464	1,075	151
To the same level	9.9	3.8	7.8	10.5	231	705	102
Machinery	11.9	9.1	25.0	8.8	332	567	72
Elevators, hoists, conveyors	2.0	5.5	3.9	1.5	526	732	127
Engines, power transmission	0.7	0.5	1.3	0.6	365	714	73
Power-driven machinery	8.7	2.9	18.9	6.3	287	538	59
Other machinery	0.5	0.2	0.9	0.4	243	458	51
Vehicles	8.5	23.1	8.4	8.3	431	798	127
Motor vehicles	4.8	15.0	5.2	4.6	477	861	121
Other vehicles	3.7	8.1	3.2	3.7	376	702	134
Falling objects	10.4	18.1	8.4	10.8	318	605	114
Using hand tools	8.1	1.1	7.8	8.4	136	474	39
Stepping on or striking object	7.5	1.7	4.2	8.3	100	413	48
Electricity, explosives, heat	3.5	13.4	2.5	3.4	458	827	69
Harmful substances	2.7	4.3	1.1	3.3	230	781	83
Animals	0.6	0.3	0.5	0.7	245	863	65
Other types	4.4	7.4	5.0	4.1	295	528	74

Courtesy National Safety Counci

Source: Percentage of cases, reports from eleven State Labor Departments or Industrial Commissions; average compensation per case rseports from eight State Labor Department or Industtial Commissions.

*Compensation per case is not shown for deaths and permanent total disabilities because the averge ($4,030)is the same for all types of accidents. However, compensatıon for these cases has been included in the average compensation for all cases.

Table9
Environmental Causes of Accidents, How to Eliminate Them, and Functional Responsibilty For Corrective Action*

A Environmental Causes of Accidents:	B How to Eliminate the Causes of Accidents; Suggestions for Corrective Action:	B Who Can Eliminate the Causes; Functional Responsibility for Corrective Action in a Typical Plant:
1. Improper guarding (unguarded, inadequately guarded, guard removed by someone other than injured worker,etc.)	a. Inspection. b. Checking plans, blueprints, purchase orders, and contracts for safety. c. Include guards in original design, order, and contract. d. Provide guards forexisting hazards.	a. Safety director, foreman, and maintenance man. b. Chief engineer and purchasing agent. c. Chief engineer and purchasing agent. d. Maintenance man and foreman.
2. Substances or equipment defective through use or abuse(worn out, cracked, broken, etc. through no fault of injured worker).	a. Inspection. b. Proper maintenance	a. Safety director, foreman, and maintenance man. b. Maintenance man.
3. Substances or equipment defective through design or construction (too large, too small, not strong enough, made with flaws, etc.).	a. Source of supply must be reliable. b. Inspection for defects in plans and materials. c. Correction of defects.	a. Purchasing agent. b. Chief engineer c. Chief engineer.
4. Unsafe procedure (hazardous process, management failed to make adequate plans for safety).	a. Job analysis. b. Formulation of safe procedure. c. Job traininq.	a. Production manager. b. Production manager and foreman. c. Foreman.
5. Unsafe housekeeping facilities (unsuitable shelves, bins, racks; no aisle markings, etc.)	a. Provide suitable layout and equipment necessary for good housekeeping.	a. Chief engineer, production manager, and foreman.
6. Improper illumination (poor, none, glaring headlights, etc.)	a Improve the illumination.	a. Chief engineer and production manager
7. Improper ventilation (poor, dusty, gaseous, high humidity, etc.).	a. Improve the ventilation.	a. Chief engineer and production manager
8. Improper dress or apparel (management's failure to provide or specify use)'	a. Provide safe dress or apparel or personnel protective equipment if management could reasonably be expected to provide it. b. Specify the use of certain protective equipment on certain jobs.	a. Plant manager. b. Plant manager

*Courtesy Lumbermen's Mutual Casualty Company.

Table10

Behavioristic Causes of Accidents, How to Eliminate Them, and Functional Responsibility for Corrective Action*

A	B	C
Behavioristic Causes of Accidents:	How to Eliminate These Causes of Accidents; Suggestions for Corrective Action.	Who Can Eliminate These Causes; Functional Responsibility for Corrective Action in a Typical Plant:
1. Improper attitude (deliberate chance–taking, disregard of instructions, injured man knew how to do his jobsafely but failed to follow safe procedure; absent–minded, etc.).	a. Supervision. b. Discipline. c. Personnel work	a. Foreman. b. Foreman and personnel man. c. Personnel man.
2. Lack of knowledge or skill (injured man did not know how to do his job safely, too new on the job, unpracticed, unskilled, etc.).	a. Job analysis b. Job training	a. Production manager and foreman. b. Foreman.
3. Physical or mental defect (one arm, deaf, epilepsy, partially blind, etc.).	a. Pre-employment. Physical examinations. b. Periodic physical examinations. c. Proper placement of men.	a. Physician b. Physician. c. Physician and personnel man.

Courtesy Lumbermen's Mutual Casualty Company.

附 錄(2)

人體保護用品供應機構及通訊處

(A) American Standards Association, 70 East 45th St.,
New York 17, N.Y.:
Identification of Gas–Mask Canisters, K13.
Protection of Head, Eyes. and Respiratory Organs, Z2 (NBS HandbookH–24).
Protective Occupational Clothing, L18.
Protective Occupational Footwear, Z41.

(B) National Safety Council, 425 North Michigan Ave. Chicago 11, 111.:
Goggles, Safe Practices Pamphlet 14.
Linemen's Rubber Protective Equipment,Safe Practices Pamphlet PU–3.
Accident Prevention Manual for Industrial Operations, Section 19.

(C) United States Bureau of Minest, 4800 Forbes St.,–Pittsburgh 13, Pa.:
Filter–Type Dust, Fume, and Mist Respirators, Schedule E21.
List of Respiratory Protective Devices. (Procedure for testing filter types, dust, fume or mist respirators)
Procedure for testing Nonemergency Gas Respirators for Permissibility, Schedule23.(Chemical cartridge respirators.)
Self–Contained Breathing Apparatus, Schedule–13C.
Supplied Air Respirators, Schedule 19A.

(D) United States Department of Commerce, National Bureau of Standards, Washington, D.C.
Special–Transmissive Properties and Use of Eye–Protective Glasses, Circular 471.

參 考 書

John T. Mc Conville： *Human　Dimension*, Anthropology Research Project Inc.,

Ernest J. McCormick：*Human Factors in Engineering and Design* 4thed., McCrew-Hill, 1976

Safety Subjects (United States Department of Labor), 1953

Roland P. Blake：*Industrial Safety*, Prentice-Hall, N.Y.,1953

Accident Prevention Manual for Industrial Operation, National Safety Council, Chicago.

Heinrich, H.W.：*Industrial Accident Prevention*, 3rd ed., McCraw-Hill, 1950

魯正田：人類工程學，文豪出版社，民六六年。

廖有燦、范發斌：人體工學，國立編譯館；大聖書局，民六八年。

劉其偉：安全教育，師範大學工教系；中國工職教育學會，民四七年。

千野弘、三木韶：計劃原論（建築手冊第10卷），日本彰國社，昭和四四年。

索　引

書　　　名	作　　者	類　　　　別
文 學 欣 賞 的 靈 魂	劉 述 先	西 洋 文 學
西 洋 兒 童 文 學 史	葉 詠 琍	西 洋 文 學
現 代 藝 術 哲 學	孫 旗 譯	藝 術
音 樂 人 生	黃 友 棣	音 樂
音 樂 與 我	趙 琴	音 樂
音 樂 伴 我 遊	趙 琴	音 樂
爐 邊 閒 話	李 抱 忱	音 樂
琴 臺 碎 語	黃 友 棣	音 樂
音 樂 隨 筆	趙 琴	音 樂
樂 林 蓽 露	黃 友 棣	音 樂
樂 谷 鳴 泉	黃 友 棣	音 樂
樂 韻 飄 香	黃 友 棣	音 樂
樂 圃 長 春	黃 友 棣	音 樂
色 彩 基 礎	何 耀 宗	美 術
水 彩 技 巧 與 創 作	劉 其 偉	美 術
繪 畫 隨 筆	陳 景 容	美 術
素 描 的 技 法	陳 景 容	美 術
人 體 工 學 與 安 全	劉 其 偉	美 術
立 體 造 形 基 本 設 計	張 長 傑	美 術
工 藝 材 料	李 鈞 棫	美 術
石 膏 工 藝	李 鈞 棫	美 術
裝 飾 工 藝	張 長 傑	美 術
都 市 計 劃 槪 論	王 紀 鯤	建 築
建 築 設 計 方 法	陳 政 雄	建 築
建 築 基 本 畫	陳 榮 美 楊 麗 黛	建 築
建 築 鋼 屋 架 結 構 設 計	王 萬 雄	建 築
中 國 的 建 築 藝 術	張 紹 載	建 築
室 內 環 境 設 計	李 琬 琬	建 築
現 代 工 藝 槪 論	張 長 傑	雕 刻
藤 竹 工	張 長 傑	雕 刻
戲 劇 藝 術 之 發 展 及 其 原 理	趙 如 琳 譯	戲 劇
戲 劇 編 寫 法	方 寸	戲 劇
時 代 的 經 驗	汪 琪 彭 家 發	新 聞
大 衆 傳 播 的 挑 戰	石 永 貴	新 聞
書 法 與 心 理	高 尚 仁	心 理

滄海叢刊巳刊行書目 (七)

書　　　名	作　　者	類　　　別
印度文學歷代名著選(上)(下)	糜文開編譯	文　　　　學
寒　山　子　研　究	陳　慧　劍	文　　　　學
魯　迅　這　個　人	劉　心　皇	文　　　　學
孟　學　的　現　代　意　義	王　支　洪	文　　　　學
比　　　較　　　詩　　　學	葉　維　廉	比　較　文　學
結構主義與中國文學	周　英　雄	比　較　文　學
主題學研究論文集	陳鵬翔主編	比　較　文　學
中　國　小　説　比　較　研　究	侯　　　健	比　較　文　學
現　象　學　與　文　學　批　評	鄭　樹　森編	比　較　文　學
記　　號　　詩　　學	古　添　洪	比　較　文　學
中　美　文　學　因　緣	鄭　樹　森編	比　較　文　學
文　　學　　因　　緣	鄭　樹　森	比　較　文　學
比　較　文　學　理　論　與　實　踐	張　漢　良	比　較　文　學
韓　非　子　析　論	謝　雲　飛	中　國　文　學
陶　淵　明　評　論	李　辰　冬	中　國　文　學
中　國　文　學　論　叢	錢　　　穆	中　國　文　學
文　　學　　新　　論	李　辰　冬	中　國　文　學
離　騷　九　歌　九　章　淺　釋	繆　天　華	中　國　文　學
苕華詞與人間詞話述評	王　宗　樂	中　國　文　學
杜　甫　作　品　繫　年	李　辰　冬	中　國　文　學
元　曲　六　大　家	應　裕　康 王　忠　林	中　國　文　學
詩　經　研　讀　指　導	裴　普　賢	中　國　文　學
迦　陵　談　詩　二　集	葉　嘉　瑩	中　國　文　學
莊　子　及　其　文　學	黃　錦　鋐	中　國　文　學
歐　陽　修　詩　本　義　研　究	裴　普　賢	中　國　文　學
清　真　詞　研　究	王　支　洪	中　國　文　學
宋　儒　風　範	董　金　裕	中　國　文　學
紅　樓　夢　的　文　學　價　值	羅　　　盤	中　國　文　學
四　説　論　叢	羅　　　盤	中　國　文　學
中　國　文　學　鑑　賞　舉　隅	黃　慶　萱 許　家　鸞	中　國　文　學
牛李黨爭與唐代文學	傅　錫　壬	中　國　文　學
增　訂　江　皋　集	吳　俊　升	中　國　文　學
浮　士　德　研　究	李辰冬譯	西　洋　文　學
蘇　忍　尼　辛　選　集	劉安雲譯	西　洋　文　學

滄海叢刊已刊行書目 (五)

書 名	作 者	類	別
中西文學關係研究	王 潤 華	文	學
文 開 隨 筆	糜 文 開	文	學
知 識 之 劍	陳 鼎 環	文	學
野 草 詞	韋 瀚 章	文	學
李 韶 歌 詞 集	李 韶	文	學
石 頭 的 研 究	戴 天	文	學
留 不 住 的 航 渡	葉 維 廉	文	學
三 十 年 詩	葉 維 廉	文	學
現 代 散 文 欣 賞	鄭 明 娳	文	學
現 代 文 學 評 論	亞 菁	文	學
三 十 年 代 作 家 論	姜 穆	文	學
當 代 臺 灣 作 家 論	何 欣	文	學
藍 天 白 雲 集	梁 容 若	文	學
見 賢 集	鄭 彥 棻	文	學
思 齊 集	鄭 彥 棻	文	學
寫 作 是 藝 術	張 秀 亞	文	學
孟 武 自 選 文 集	薩 孟 武	文	學
小 說 創 作 論	羅 盤	文	學
細 讀 現 代 小 說	張 素 貞	文	學
往 日 旋 律	幼 柏	文	學
城 市 筆 記	巴 斯	文	學
歐 羅 巴 的 蘆 笛	葉 維 廉	文	學
一 個 中 國 的 海	葉 維 廉	文	學
山 外 有 山	李 英 豪	文	學
現 實 的 探 索	陳 銘 磻 編	文	學
金 排 附	鍾 延 豪	文	學
放 鷹	吳 錦 發	文	學
黃 巢 殺 人 八 百 萬	宋 澤 萊	文	學
燈 下 燈	蕭 蕭	文	學
陽 關 千 唱	陳 煌	文	學
種 籽	向 陽	文	學
泥 土 的 香 味	彭 瑞 金	文	學
無 緣 廟	陳 艷 秋	文	學
鄉 事	林 清 玄	文	學
余 忠 雄 的 春 天	鍾 鐵 民	文	學
吳 煦 斌 小 說 集	吳 煦 斌	文	學

滄海叢刊已刊行書目 (六)

書名	作者	類	別
卡薩爾斯之琴	葉石濤	文	學
青囊夜燈	許振江	文	學
我永遠年輕	唐文標	文	學
分析文學	陳啓佑	文	學
思想起	陌上塵	文	學
心酸記	李喬	文	學
離訣	林蒼鬱	文	學
孤獨園	林蒼鬱	文	學
托塔少年	林文欽編	文	學
北美情逅	卜貴美	文	學
女兵自傳	謝冰瑩	文	學
抗戰日記	謝冰瑩	文	學
我在日本	謝冰瑩	文	學
給青年朋友的信(上)(下)	謝冰瑩	文	學
冰瑩書束	謝冰瑩	文	學
孤寂中的廻響	洛夫	文	學
火天使	趙衛民	文	學
無塵的鏡子	張默	文	學
大漢心聲	張起鈞	文	學
回首叫雲飛起	羊令野	文	學
康莊有待	向陽	文	學
情愛與文學	周伯乃	文	學
湍流偶拾	繆天華	文	學
文學之旅	蕭傳文	文	學
鼓瑟集	幼柏	文	學
種子落地	葉海煙	文	學
文學邊緣	周玉山	文	學
大陸文藝新探	周玉山	文	學
累盧聲氣集	姜超嶽	文	學
實用文纂	姜超嶽	文	學
林下生涯	姜超嶽	文	學
材與不材之間	王邦雄	文	學
人生小語(一)(二)	何秀煌	文	學
兒童文學	葉詠琍	文	學

滄海叢刊已刊行書目 (四)

書　　名	作　者	類別
歷史圈外	朱桂	歷史
中國人的故事	夏雨人	歷史
老臺灣	陳冠學	歷史
古史地理論叢	錢穆	歷史
秦漢史	錢穆	歷史
秦漢史論稿	刑義田	歷史
我這半生	毛振翔	歷史
三生有幸	吳相湘	傳記
弘一大師傳	陳慧劍	傳記
蘇曼殊大師新傳	劉心皇	傳記
當代佛門人物	陳慧劍	傳記
孤兒心影錄	張國柱	傳記
精忠岳飛傳	李安	傳記
八十憶雙親、師友雜憶合刊	錢穆	傳記
困勉強狷八十年	陶百川	傳記
中國歷史精神	錢穆	史學
國史新論	錢穆	史學
與西方史家論中國史學	杜維運	史學
清代史學與史家	杜維運	史學
中國文字學	潘重規	語言
中國聲韻學	潘重規、陳紹棠	語言
文學與音律	謝雲飛	語言學
還鄉夢的幻滅	賴景瑚	文學
葫蘆‧再見	鄭明娳	文學
大地之歌	大地詩社	文學
青春	葉蟬貞	文學
比較文學的墾拓在臺灣	古添洪、陳慧樺主編	文學
從比較神話到文學	古添洪、陳慧樺	文學
解構批評論集	廖炳惠	文學
牧場的情思	張媛媛	文學
萍踪憶語	賴景瑚	文學
讀書與生活	琦君	文學

滄海叢刊已刊行書目 (三)

書　　　　名	作　　者	類	別
不　疑　不　懼	王　洪　鈞	教	育
文　化　與　教　育	錢　　穆	教	育
教　育　叢　談	上官業佑	教	育
印　度　文　化　十　八　篇	糜　文　開	社	會
中　華　文　化　十　二　講	錢　　穆	社	會
清　代　科　舉	劉　兆　璸	社	會
世界局勢與中國文化	錢　　穆	社	會
國　　家　　論	薩　孟　武　譯	社	會
紅樓夢與中國舊家庭	薩　孟　武	社	會
社會學與中國研究	蔡　文　輝	社	會
我國社會的變遷與發展	朱岑樓主編	社	會
開　放　的　多　元　社　會	楊　國　樞	社	會
社會、文化和知識份子	葉　啓　政	社	會
臺灣與美國社會問題	蔡文輝 蕭新煌 主編	社	會
日　本　社　會　的　結　構	福武直　著 王世雄　譯	社	會
三十年來我國人文及社會 科　學　之　回　顧　與　展　望		社	會
財　經　文　存	王　作　榮	經	濟
財　經　時　論	楊　道　淮	經	濟
中國歷代政治得失	錢　　穆	政	治
周　禮　的　政　治　思　想	周世輔 周文湘	政	治
儒　家　政　論　衍　義	薩　孟　武	政	治
先　秦　政　治　思　想　史	梁啓超原著 賈馥茗標點	政	治
當　代　中　國　與　民　主	周　陽　山	政	治
中　國　現　代　軍　事　史	劉馥　著 梅寅生　譯	軍	事
憲　法　論　集	林　紀　東	法	律
憲　法　論　叢	鄭　彥　棻	法	律
師　友　風　義	鄭　彥　棻	歷	史
黃　　　帝	錢　　穆	歷	史
歷　史　與　人　物	吳　相　湘	歷	史
歷　史　與　文　化　論　叢	錢　　穆	歷	史

滄海叢刊巳刊行書目 (二)

書 名	作 者	類			別
語 言 哲 學	劉 福 增	哲			學
邏 輯 與 設 基 法	劉 福 增	哲			學
知識・邏輯・科學哲學	林 正 弘	哲			學
中 國 管 理 哲 學	曾 仕 強	哲			學
老 子 的 哲 學	王 邦 雄	中	國	哲	學
孔 學 漫 談	余 家 菊	中	國	哲	學
中 庸 誠 的 哲 學	吳 怡	中	國	哲	學
哲 學 演 講 錄	吳 怡	中	國	哲	學
墨 家 的 哲 學 方 法	鐘 友 聯	中	國	哲	學
韓 非 子 的 哲 學	王 邦 雄	中	國	哲	學
墨 家 哲 學	蔡 仁 厚	中	國	哲	學
知 識、理 性 與 生 命	孫 寶 琛	中	國	哲	學
逍 遙 的 莊 子	吳 怡	中	國	哲	學
中國哲學的生命和方法	吳 怡	中	國	哲	學
儒 家 與 現 代 中 國	韋 政 通	中	國	哲	學
希 臘 哲 學 趣 談	鄔 昆 如	西	洋	哲	學
中 世 哲 學 趣 談	鄔 昆 如	西	洋	哲	學
近 代 哲 學 趣 談	鄔 昆 如	西	洋	哲	學
現 代 哲 學 趣 談	鄔 昆 如	西	洋	哲	學
現 代 哲 學 述 評 (一)	傅 佩 榮 譯	西	洋	哲	學
懷 海 德 哲 學	楊 士 毅	西	洋	哲	學
思 想 的 貧 困	韋 政 通	思			想
不 以 規 矩 不 能 成 方 圓	劉 君 燦	思			想
佛 學 研 究	周 中 一	佛			學
佛 學 論 著	周 中 一	佛			學
現 代 佛 學 原 理	鄭 金 德	佛			學
禪 話	周 中 一	佛			學
天 人 之 際	李 杏 邨	佛			學
公 案 禪 語	吳 怡	佛			學
佛 教 思 想 新 論	楊 惠 南	佛			學
禪 學 講 話	芝峯法師譯	佛			學
圓 滿 生 命 的 實 現 （布施波羅蜜）	陳 柏 達	佛			學
絕 對 與 圓 融	霍 韜 晦	佛			學
佛 學 研 究 指 南	關 世 謙 譯	佛			學
當 代 學 人 談 佛 教	楊 惠 南 編	佛			學

滄海叢刊已刊行書目 (一)

書　名	作　者	類　　別
國父道德言論類輯	陳　立　夫	國　父　遺　教
中國學術思想史論叢 (一)(二)(三)(四)(五)(六)(七)(八)	錢　　穆	國　學
現代中國學術論衡	錢　　穆	國　學
兩漢經學今古文平議	錢　　穆	國　學
朱　子　學　提　綱	錢　　穆	國　學
先　秦　諸　子　繫　年	錢　　穆	國　學
先　秦　諸　子　論　叢	唐　端　正	國　學
先秦諸子論叢（續篇）	唐　端　正	國　學
儒學傳統與文化創新	黃　俊　傑	國　學
宋代理學三書隨劄	錢　　穆	國　學
莊　子　纂　箋	錢　　穆	國　學
湖　上　閒　思　錄	錢　　穆	哲　學
人　生　十　論	錢　　穆	哲　學
晚　學　盲　言	錢　　穆	哲　學
中　國　百　位　哲　學　家	黎　建　球	哲　學
西　洋　百　位　哲　學　家	鄔　昆　如	哲　學
現　代　存　在　思　想　家	項　退　結	哲　學
比　較　哲　學　與　文　化 (一)(二)	吳　　森	哲　學
文　化　哲　學　講　錄 (一)(二)(三)(四)	鄔　昆　如	哲　學
哲　　學　　淺　　論	張　　康譯	哲　學
哲　學　十　大　問　題	鄔　昆　如	哲　學
哲　學　智　慧　的　尋　求	何　秀　煌	哲　學
哲學的智慧與歷史的聰明	何　秀　煌	哲　學
內　心　悅　樂　之　源　泉	吳　經　熊	哲　學
從西方哲學到禪佛教 —「哲學與宗教」一集—	傅　偉　勳	哲　學
批判的繼承與創造的發展 —「哲學與宗教」二集—	傅　偉　勳	哲　學
愛　的　哲　學	蘇　昌　美	哲　學
是　　與　　非	張　身　華譯	哲　學